高等职业教育"互联网+"新形态教材·软件技术专业

Vue 应用开发

方选政　陶建兵　主　编

唐　慧　李麒骥　李　维　曹旻涵　副主编

电子工业出版社
Publishing House of Electronics Industry
北京·BEIJING

内 容 简 介

本书是一本介绍 Web 前端开发框架 Vue.js 的实战教程，主要满足高等职业教育软件技术专业 Web 前端开发方向课程的教学需要。全书从一个完整实战项目中抽取出小任务，每单元以小任务的完成为主线，介绍 Vue.js 前端开发的各项知识，包括开发与调试环境准备，ECMAScript6 语法简介及常见的对象、函数、数组、字符串等扩展语法，Vue.js 语法、指令、条件渲染、循环渲染、计算属性、方法属性、侦听器、Class 与 Style 绑定、表单双向绑定、组件、虚拟 DOM；了解 render 函数、过滤器、路由、过渡、动画、混入使用 Axios 与服务器通信、使用 Vuex 进行全局状态管理、部署 Vue 项目等，最后从小任务的整合到整个项目的完成形成一个综合性案例。本书由学校教师和企业软件开发工程师合作共同编写，教学案例来源于企业真实项目。

本教材体系完整，内容丰富，配套资源齐全，注重实践性和可操作性，既可作为高等职业教育计算机类专业学生的学习用书，也可作为软件开发人员能力提升的自学参考用书。

图书在版编目（CIP）数据

Vue 应用开发/方选政，陶建兵主编. —北京：电子工业出版社，2022.7
ISBN 978-7-121-43518-8

Ⅰ.①V… Ⅱ.①方… ②陶… Ⅲ.①网页制作工具—程序设计 Ⅳ.①TP393.092.2

中国版本图书馆 CIP 数据核字（2022）第 088220 号

责任编辑：贺志洪
印　　刷：保定市中画美凯印刷有限公司
装　　订：保定市中画美凯印刷有限公司
出版发行：电子工业出版社
　　　　　北京市海淀区万寿路 173 信箱　邮编：100036
开　　本：787×1092　1/16　　印张：15　　字数：384 千字
版　　次：2022 年 7 月第 1 版
印　　次：2022 年 7 月第 1 次印刷
定　　价：48.00 元

前　言

本书系重庆工商职业学院首批国家级职业教育教师教学创新团队联合四川华迪信息技术有限公司、四川川大智胜股份有限公司、成都思晗科技股份有限公司编写的基于工作过程系统化的软件技术专业 Web 前端开发方向"活页式""工作手册式"教材之一。

依托数字工场和省级"双师型"教师培养培训基地，由创新团队成员和企业工程师组成教材编写团队，目的是打造高素质"双师型"教师队伍，深化职业院校教师、教材、教法"三教"改革，探索产教融合、校企"双元"有效育人模式。教材编写的初衷是让软件技术专业 Web 前端开发方向学生掌握 Web 前端开发核心技术，提高他们的 Web 前端开发技能，为进入 Web 前端开发工作或继续深造奠定基础。同时让软件技术专业学生掌握一定的 Web 前端开发技术，支撑软件技术专业发展，拓展软件技术专业学生的就业范围。

教材体系与特色

本书属于重庆工商职业学院联合企业共同开发的面向高等职业教育的"软件技术专业 Web 前端开发方向教材体系"中的一本，其特色如下：

1. 组织结构合理，内容由浅入深。为了更好地帮助读者学习 Vue.js 框架，本书设计了大量案例来介绍 Vue.js 框架的基本操作方法和技术。

2. 针对性强。本书的教学内容和结构着眼于 Web 前端开发的能力培养，适应时代的要求，符合应用型院校人才培养的需要。

3. 贴合实际。本书案例取自企业一线，符合高等职业学校软件技术专业教学标准的专业核心课程主要教学内容，对接岗位要求，具有较强的实践价值。

4. 可操作性强。本书项目的编写体例，针对每个项目案例，提供详细的解决方案和操作步骤，将知识点融入项目开发过程中，书中每一个项目案例都经过反复演练使用，读者可根据步骤独立操作。

5. 教学资源丰富。本书提供课件、软件操作录屏、微课等教辅资料，使教和学更加容易。

受众定位

本书适用于应用型本科、职业本科、高职高专软件技术 Web 前端开发方向及软件技术专业等相关专业，也可作为 Web 前端开发人员提升技能和阅读的教材。

教材基本概况

本书围绕 Vue.js 框架及相关技术进行介绍，分为导言和 5 个单元。

导言：介绍了本课程的性质与背景、工作任务、学习目标、课程核心内容、重点技术、学习方法等。单元 1：介绍了 Vue 项目构建。单元 2：介绍了 Vue 网页设计。单元 3：介绍了 Vue 组件化开发。单元 4：介绍了网页交互与数据通信。单元 5：介绍了 Vue 项目打包部署。全书以实用为基础，从一个完整实战项目中抽取出小任务，每单元以小任务的完成为主线，介绍 Vue.js 前端开发的各项知识，包括开发与调试环境准备，ECMAScript6 语法简介及常见的对象、函数、数组、字符串等扩展语法，Vue.js 语法、指令、条件渲染、循环渲染、计算属性、方法属性、侦听器、Class 与 Style 绑定、表单双向绑定、组件、虚拟DOM；了解 render 函数、过滤器、路由、过渡、动画，混入使用 Axios 与服务器通信，使用 Vuex 进行全局状态管理，部署 Vue 项目等，最后从小任务的整合到整个项目的完成形成一个综合性案例。

编写团队

本书由方选政（重庆工商职业学院骨干教师，高级软件开发工程师，重庆市高等职业院校学生职业技能竞赛优秀指导教师）、陶建兵（企业人工智能高级工程师，具有丰富的项目开发经验）担任主编，方选政负责单元 2 的编写工作，陶建兵负责单元 3 的编写工作。

本书副主编具有丰富的人工智能教学实践经验或者 5 年以上的软件开发企业工作经验，具体编写分工如下：导言由成都思晗科技股份有限公司曹旻涵编写，单元 1 由重庆工商职业学院唐慧编写，单元 4 由重庆工商职业学院李麒骧编写，单元 5 由四川华迪信息技术有限公司李维编写。

本书在编写过程中得到重庆工商职业学院和四川华迪信息技术有限公司相关领导和同事的大力支持和帮助，在此表示感谢。由于编者水平有限，教材中难免存在不妥之处，敬请广大读者批评指正。

编　者

2021 年 11 月

目　　录

Vue 应用开发

导　　言

导言

课程性质描述

　　《Vue 应用开发》是一门基于工作过程开发出来的学习领域课程，是 Web 前端设计相关专业职业核心课程。本课程注重对学生职业能力、创新精神和实践能力的培养，培养学生利用 Vue 框架进行模块化动态网页项目的设计和开发，是融理论和实践一体化，教、学、做一体化的专业课程，是工学结合课程。

　　适用专业：Web 前端、UI、网页设计相关专业。

　　开设课时：54 课时。

　　建议课时：54 课时。

典型工作任务描述

　　现今我们已经进入了互联网时代，HTML、CSS、JavaScript 技术的引入极大地扩充了我们编写精彩网页世界的能力，但是相较基础的 Web 技术，完整项目构建还是比较繁杂，不利于中大型项目开发。

　　Vue 的单页面框架技术是优化前端网页开发的一项热门技术，它将整个前端网页系统规整为一个单页面网页，并在根节点网页上延伸上层应用和数据交互，并结合模板技术，让 Web 项目的构建和完善更加便捷和高效。我们根据 Vue 框架使用阶段的不同设置 Vue 应用开发的典型工作任务，包括 Vue 项目构建、Vue 网页设计、Vue 组件化开发、网页交互与数据通信、Vue 项目打包部署。本课程的典型工作任务如图 0-1 所示。

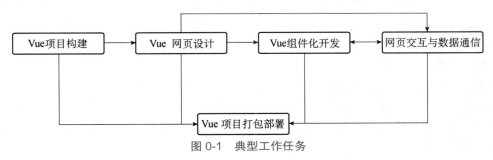

图 0-1　典型工作任务

课程学习目标

　　本课程内容涵盖了对学生在"基本理论""基本技能"和"职业素养"三个层次的培养，

通过本课程的学习，你应该能够：

1. 基本理论方面

（1）掌握 Vue 框架的原理和组成部分。
（2）掌握 Vue 插件和 CLI 工具。
（3）掌握 Vue 项目的构建方式。
（4）掌握 Vue 模板语法原理。
（5）掌握 Vue 表单输入绑定原理。
（6）掌握 Vue 常用指令、事件绑定和修饰符。
（7）掌握 Vue 中侦听器和计算属性的原理。
（8）掌握 Vue 组件化开发思想。

2. 基本技能方面

（1）熟练掌握 Vue CLI 工具的安装。
（2）熟练掌握 Vue 项目的构建。
（3）熟练掌握 Vue 模板语法的使用。
（4）熟练掌握 Vue 表单输入绑定的使用。
（5）熟练掌握 Vue 常用指令、事件绑定和修饰符的使用。
（6）熟练掌握 Vue 中侦听器和计算属性的使用。
（7）熟练掌握 Vue 组件化开发流程和方式。
（8）熟练掌握 Vue-Resource 网络数据交互使用方式。
（9）熟练掌握 Axios 网络数据交互使用方式。
（10）熟练掌握 Vue 项目的打包与部署方式。

3. 职业素养方面

（1）能够完成真实业务逻辑向代码的转化。
（2）能够独立分析解决问题。
（3）能够快速准确地查找参考资料。
（4）能够与小组其他成员通力合作。

学习组织形式与方法

亲爱的同学，欢迎你使用本书！

与你过去使用的传统教材相比，本书是一种全新的学习材料，它可以帮助你更好地了解未来的工作及其要求，通过这本活页式教材学习如何通过 Vue 框架快速构建前端网页项目的重要的、典型的工作，促进你的综合职业能力发展，使你有可能在短时间内成为前端开发的技能能手。

在正式开始学习之前请你仔细阅读以下内容，了解即将开始的全新教学模式，做好相应的学习准备。

1. 主动学习

在学习过程中，你将获得与你以往完全不同的学习体验，你会发现它与传统课堂讲授为主的教学有着本质的区别——你是学习的主体，自主学习将成为本课程的主旋律。工作能力只有你自己亲自实践才能获得，而不能依靠教师的知识传授与技能指导。在工作过程中获得的知识最为牢固，而教师在你的学习和工作过程中只能对你进行方法的指导，为你的学习和工作提供帮助。比如说，教师可以给你传授前端网页开发的设计思想，给你展示Vue 框架的便捷之处，讲授 Vue 项目快捷构建之法及项目各个组成部分，教你各种动态网页渲染技术等。但在学习过程中，这些都是外因，你的主动学习与工作才是内因。你想成为前端开发技能能手，就必须主动、积极、亲自去完成安装环境、构建项目、设计网页、抽离组件、交互数据和项目部署的整个过程，通过完成工作任务学会工作。主动学习将伴随你的职业生涯成长，它可以使你快速适应新方法、新技术。

2. 用好工作活页

首先，你要深刻理解学习情境的每一个学习目标，利用这些目标指导自己的学习并评价自己的学习效果；其次，你要明确学习内容的结构，在引导问题的帮助下，尽量独自地去学习并完成包括填写工作活页内容等整个学习任务；同时你可以在教师和同学的帮助下，通过互联网查阅 Vue 应用开发相关资料，学习重要的工作过程知识；再次，你应当积极参与小组讨论，去尝试解决复杂和综合性的问题，进行工作质量的自检和小组互检，并注意程序的规范化，在多种技术实践活动中形成自己的技术思维方式；最后，在完成一个工作任务后，反思是否有更好的方法或可以用更少的时间来完成工作目标。

3. 团队协作

课程的每个学习情境都是一个完整的工作过程，大部分的工作需要团队协作才能完成，教师会帮助大家划分学习小组，但要求各小组成员在组长的带领下，制订可行的学习和工作计划，并能合理安排学习与工作时间，分工协作，互相帮助，互相学习，广泛开展交流，大胆发表你的观点和见解，按时、保质保量地完成任务。你是小组的一员，你的参与和努力是团队完成任务的重要保证。

4. 把握好学习过程和学习资源

学习过程是由学习准备、计划与实施和评价反馈所组成的完整过程。你要养成理论与实践紧密结合的习惯，教师引导、同学交流、学习中的观察与独立思考、动手操作和评价反思都是专业技术学习的重要环节。

学习资源可以参阅每个学习情境的相关知识和相关案例。此外，你也可以通过互联网等途径获得更多的专业技术信息，这将为你的学习和工作提供更多的帮助和技术支持，拓展你的学习视野。

预祝你学习取得成功，早日成为前端开发的技术能手！

学习情境设计

为了完成 Vue 应用开发的典型工作任务，我们安排了如表 0-1 所示的学习情境。

表 0-1　学习情境设计

序号	学习情境	任务简介	学时
1	使用 Vue.js 完成网页设计	通过 CDN 或官网下载 Vue.js 资源 通过 Vue.js 实现响应式静态网页设计	2
2	使用 Vue init 构建 Vue 2.x 项目	通过脚本命令安装工具 Vue init 通过 Vue init 构建 Vue 2.x 项目	4
3	使用 Vue create 构建 Vue 2.x 项目	通过脚本命令安装工具@vue/cli 通过 Vue create 构建 Vue 2.x 项目	4
4	使用 Vue ui 构建 Vue 3.x 项目	通过脚本命令安装工具@vue/cli 通过 Vue ui 构建 Vue 3.x 项目	2
5	使用 v-model 构建智慧医养注册页面	通过 data 构建数据源 通过 v-model 操作表单输入绑定 通过 v-on 绑定事件 通过 methods 构建响应事件 通过侦听器监听数据实时变化	12
6	使用渲染指令构建智慧医养首页	通过 Class 和 Style 绑定动态更新界面样式 通过过渡动画渲染动态效果	8
7	使用 computed 计算健康设备购物车数据	通过计算属性实时计算并更新数据 通过过滤器的设计和使用进行数据二次处理	4
8	智慧医养首页 Banner 组件化开发	通过组件定义与注册进行结构化分离 通过 Prop 进行组件间数据传递 通过插槽动态组建页面结构	8
9	使用 Vue Router 组件化开发智慧医养导航	通过 npm 安装 Vue Router 路由管理器插件 通过 routes 配置路由和视图 通过<router-link>动态匹配路由 通过<router-view>渲染路由组件 通过 children 配置嵌套路由 通过 meta 定义路由元信息 通过 router 对象进行编程式导航	8
10	使用 Vue-Resource 完成智慧医养用户注册	通过 npm 构建 Vue-Resource 环境安装 通过 Vue-Resource HTTP GET/POST 发起请求并获取数据响应	4
11	使用 Axios 实时展示智慧医养首页数据	通过 npm 构建 Axios 环境安装 通过 Axios Http GET/POST 发起请求并获取数据响应	8
12	Vue 项目打包与部署	通过 npm 打包 Vue 项目 通过 Nginx 搭建服务器环境 通过 Nginx 部署 Vue 项目	8

学业评价

　　针对每一个学习情境，教师对学生的学习情况和任务完成情况进行评价。如表 0-2 所示为各学习情境的评价权重，如表 0-3 所示给出了对每个学生进行学业评价的参考表格。

表 0-2　学习情境评价权重

序号	学习情境	权重
1	使用 Vue.js 完成网页设计	4%
2	使用 Vue init 构建 Vue 2.x 项目	6%
3	使用 Vue create 构建 Vue 2.x 项目	10%

（续表）

序号	学习情境	权重
4	使用 Vue ui 构建 Vue 3.x 项目	5%
5	使用 v-model 构建智慧医养注册页面	15%
6	使用渲染指令构建智慧医养首页	10%
7	使用 computed 计算健康设备购物车数据	5%
8	智慧医养首页 Banner 组件化开发	10%
9	使用 Vue Router 组件化开发智慧医养导航	10%
10	使用 Vue-Resource 完成智慧医养用户注册	5%
11	使用 Axios 实时展示智慧医养首页数据	10%
12	Vue 项目打包与部署	10%
合计		100%

表 0-3　学业评价表

学号	姓名	学习情境 1	学习情境 2	……	学习情境 12	总评

单元 1 Vue 项目构建

Vue 是一套用于构建用户界面的渐进式框架。与其他大型框架不同的是，Vue 被设计为可以自底向上逐层应用。Vue 的核心库只关注视图层，不仅易于上手，还便于与第三方库或既有项目整合。另一方面，当与现代化的工具链及各种支持类库结合使用时，Vue 也完全能够为复杂的单页应用提供驱动。

概述

Vue 就是一个用于搭建类似于网页论坛这种表单项繁多，且内容需要根据用户的操作进行修改的网页版应用。

Vue 项目开发的项目是单页应用程序，简称 SPA。顾名思义，单页应用一般指的就是一个页面就是一个应用，当然也可以是一个子应用。

教学导航		
	知识重点	Vue的安装与使用
	知识难点	利用Vue进行响应式网页开发
	推荐教学方式	从Vue功能开始介绍，让学生对Vue有大体了解，接着实际构建项目，让学生掌握如何使用
	建议学时	16学时
	推荐学习方法	通过老师讲解掌握Vue的基本概念，然后进行实操；通过一步步Vue构建项目，加深印象
	必须掌握的理论知识	Vue CLI工具构成
	必须掌握的技能	使用Vue构建项目

学习情境 1.1 使用 Vue.js 完成网页设计

学习情境描述

1. 教学情境描述：通过教师介绍及讲述 Vue 框架为何物及为什么选择使用 Vue 开发页面程序，从中了解 Vue 的由来和功能用途，并掌握官方提供的 Vue 项目构建方式和工具，最后能根据讲解和 Vue.js 资源构建静态响应式网页设计。

2. 关键知识点：Vue 是什么、Vue 官方支持、Vue 核心插件和工具、Vue.js 静态资源、Vue 响应式网页设计。

3. 关键技能点：Vue.js 静态资源引入、Vue 响应式网页设计。

学习目标

1. 理解 Vue 框架的原理和组成部分。
2. 理解 Vue 插件和工具支持部分。
3. 掌握 Vue.js 资源引入方式。
4. 能根据实际网页设计需求，构建静态 Vue 网页设计。

任 务 书

1. 完成通过 CDN 或官网下载 Vue.js 资源。
2. 完成通过 Vue.js 实现响应式静态网页设计。

获取信息

引导问题 1：了解什么是 Vue 框架，简单说明选择 Vue 框架的理由。
1. 什么是 Vue 框架？

_____

_____

2. 选择 Vue 框架的理由（优缺点）是什么？

_____

_____

引导问题 2：Vue 官网为支持 Vue 项目开发提供了哪些插件和工具？

_____

_____

引导问题 3：如何在静态网页中引入 Vue.js？

_____

_____

_____

引导问题 4：Vue 在响应式网页设计中起什么作用？如何使用 Vue.js 构建响应式网页？

_____

_____

_____

工作计划

1. 制订工作方案（见表 1-1）。
根据获取的信息进行方案预演，选定目标，明确执行过程。

表 1-1　工作方案

步骤	工作内容
1	
2	
3	
4	

2. 写出此工作方案执行的响应式网页设计原理。

_____

_____

_____

3. 列出工具清单（见表 1-2）。

列举出本次实施方案中所需要用到的软件工具。

表 1-2　工具清单

序号	名称	版本	备注

4. 列出技术清单（见表 1-3）。

列举出本次实施方案中所需要用到的软件技术。

表 1-3　技术清单

序号	名称	版本	备注

进行决策

1. 根据引导、构思、计划等，各自阐述自己的设计方案。
2. 对其他人的设计方案提出自己不同的看法。
3. 教师结合大家完成的情况进行点评，选出最佳方案，并写出最佳方案。

_____

_____

_____

知识准备

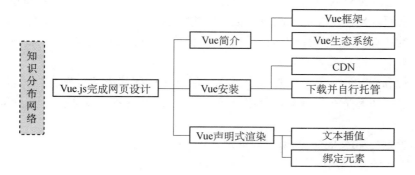

1.1.1　Vue 简介

1. Vue 框架

Vue 简介

Vue（读音/vjuː/，类似于 view）是一套用于构建用户界面的渐进式框架，Vue Logo 如图 1-1 所示。

Vue 与其他库/框架有哪些区别？

（1）React

React 和 Vue 有许多相似之处，它们都：

- 使用 Virtual DOM。
- 提供了响应式（Reactive）和组件化（Composable）的视图组件。
- 将注意力集中保持在核心库，而将其他功能如路由和全局状态管理交给相关的库。

图 1-1　Vue Logo

React 和 Vue 的区别在于：

- 运行时性能：在 React 应用中，当某个组件的状态发生变化时，它会以该组件为根，重新渲染整个组件子树。在 Vue 应用中，组件的依赖是在渲染过程中自动追踪的，所以系统能精确知晓哪个组件确实需要被重新渲染。Vue 的这个特点使得开发者不再需要考虑此类优化，从而能够更好地专注于应用本身。

- HTML & CSS：在 React 中，一切都是 JavaScript。Vue 的整体思想是拥抱经典的 Web 技术，并在其上进行扩展。

- 向上扩展：Vue 和 React 都提供了强大的路由来应对大型应用。Vue 更进一步地采用了这种模式（Vuex），更加深入集成 Vue 的状态管理解决方案。

- 向下扩展：React 学习曲线陡峭，在开始学 React 前，你需要知道 JSX 和 ES2015，因为许多示例用的是这些语法。Vue 向下扩展后就类似于 jQuery，你只要把 Vue.js 引用标签放到页面上就可以运行。

- 原生渲染：React Native 能使你用相同的组件模型编写有本地渲染能力的 App（iOS 和 Android）。相应地，Vue 和 Weex 会进行官方合作，Weex 是阿里巴巴发起的跨平台用户界面开发框架，Weex 允许你使用 Vue 语法开发不仅仅可以运行在浏览器端，还能被用于开发 iOS 和 Android 上的原生应用的组件。

（2）AngularJS

Vue 的一些语法和 AngularJS 的很相似（如 v-if vs ng-if）。因为 AngularJS 是 Vue 早期开发的灵感来源。然而，AngularJS 中存在的许多问题已经在 Vue 中得到解决。

● 复杂性：在 API 与设计方面上，Vue.js 都比 AngularJS 简单得多，因此你可以快速地掌握它的全部特性并投入开发。

● 灵活性和模块化：Vue.js 是一个更加灵活开放的解决方案。它允许你以希望的方式组织应用程序，而不是在任何时候都必须遵循 AngularJS 制定的规则，这让 Vue 能适用于各种项目。

● 数据绑定：AngularJS 使用双向绑定；Vue 在不同组件间强制使用单向数据流，这使得应用中的数据流更加清晰易懂。

● 指令和组件：在 Vue 中指令和组件分得更清晰。指令只封装 DOM 操作，而组件代表一个自给自足的独立单元——有自己的视图和数据逻辑。在 AngularJS 中，每件事都由指令来做，而组件只是一种特殊的指令。

● 运行时性能：Vue 有更好的性能，并且非常容易优化，因为它不使用脏检查。在 AngularJS 中，当 watcher 越来越多时会变得越来越慢，因为作用域内的每一次变化，都使所有 watcher 要重新计算。

（3）Angular

我们将新的 Angular 独立讨论，因为它是一个和 AngularJS 完全不同的框架。例如，它具有优秀的组件系统，并且许多实现已经完全重写，API 也完全改变了。

● TypeScript：Angular 事实上必须用 TypeScript（简写 TS）来开发，因为它的文档和学习资源几乎全部是面向 TS 的。Vue 和 TS 的整合可能不如 Angular 那么深入。

● 运行时性能：这两个框架的运行速度都很快，有非常类似的 benchmark 数据。

● 体积：最近的 Angular 版本在使用了 AOT 和 tree-shaking 技术后使得最终的代码体积减小了许多。但即使如此，一个包含了 Vuex+Vue Router 的 Vue 项目（gzip 之后 30KB）相比使用了这些优化的 angular-cli 生成的默认项目尺寸（约 65KB）要小得多。

● 灵活性：Vue 相比于 Angular 更加灵活，Vue 官方提供了构建工具来协助你构建项目，但它并不限制你如何组织你的应用代码。

● 学习曲线：Angular 的学习曲线是非常陡峭的，它的 API 面积比起 Vue 要大得多，你也因此需要理解更多的概念才能开始有效率地工作。

（4）Ember

Ember 是一个全能框架。它提供了大量的约定，一旦熟悉了它们，开发工作会变得很高效。不过，这也意味着学习曲线较高，而且并不灵活。

（5）Knockout

Knockout 是 MVVM 领域内的先驱，并且追踪依赖。它的响应系统和 Vue 也很相似。它最低能支持到 IE6，而 Vue 最低只能支持到 IE9。

2. Vue 生态系统

从 Vue 官网的介绍和展示中可以看到，就 Vue 框架开发体系，社区团队提供了一系列配套的生态系统。

在 Vue 2.x 中，将生态系统结构分成了"工具"和"核心插件"。如图 1-2 所示，分别包含了工具和核心插件。

- 工具：Devtools、Vue CLI、Vue Loader。
- 核心插件：Vue Router、Vuex、Vue 服务端渲染（Vue Render）。

图 1-2　Vue 生态系统（1）

在 Vue 3.x 中，将所有内容整合到了"官方项目"目录下，直接包含了 Vue Router、Vuex、Vue CLI、Vue Test Utils、Devtools、Weekly news、Blog，如图 1-3 所示。

图 1-3　Vue 生态系统（2）

以下对常用项目进行基本介绍。

（1）Vue Router

Vue Router 是 Vue.js 的官方路由。它与 Vue.js 核心插件深度集成，让用户使用 Vue.js 构建单页应用变得轻而易举。其功能包括：

- 嵌套路由映射。
- 动态路由选择。
- 模块化、基于组件的路由配置。
- 路由参数、查询、通配符。
- 展示由 Vue.js 的过渡系统提供的过渡效果。
- 细致的导航控制。
- 自动激活 CSS 类的链接。
- HTML5 history 模式或 hash 模式。

- 可定制的滚动行为。
- URL 的正确编码。

（2）Vuex

Vuex 是一个专为 Vue.js 应用程序开发的状态管理模式。它采用集中式存储管理应用的所有组件的状态，并以相应的规则保证状态以一种可预测的方式发生变化，如图 1-4 所示。

图 1-4　状态管理单项数据理念图

（3）Vue CLI

Vue CLI 是一个基于 Vue.js 进行快速开发的完整系统，提供：

- 通过@vue/cli 实现的交互式的项目脚手架。
- 通过@vue/cli+@vue/cli-service-global 实现的零配置原型开发。
- 运行时依赖@vue/cli-service，该依赖：
  - 可升级；
  - 基于 Webpack 构建，并带有合理的默认配置；
  - 可以通过项目内的配置文件进行配置；
  - 可以通过插件进行扩展。
- 一个丰富的官方插件集合，集成了前端生态中最好的工具。
- 一套完全图形化的创建和管理 Vue.js 项目的用户界面。

Vue CLI 致力于将 Vue 生态中的工具基础标准化。它确保了各种构建工具基于智能的默认配置即可平稳衔接，这样你可以专注在撰写应用上，而不必花好几天时间纠结配置的问题。与此同时，它也为每个工具提供了调整配置的灵活性，无须 eject。

（4）Devtools

如图 1-5 所示为 Devtools Logo。Vue.js 开发调试工具允许检查和调试你的应用程序。

1.1.2　Vue 安装

图 1-5　Vue Devtools Logo

Vue.js 设计的初衷就包括可以被渐进式地采用。这意味着它可以根据需求以多种方式集成到一个项目中。

将 Vue.js 添加到项目中有以下 4 种主要方式：

- 在页面上以 CDN 包的形式导入。
- 下载 JavaScript 文件并自行托管。
- 使用 npm 安装它。
- 使用官方的 CLI 来构建一个项目。

本次学习情境中我们针对第 1 种和第 2 种方式进行学习。

Vue 安装与
声明式渲染

1. 在页面上以 CDN 包的形式导入

对于制作原型或学习，我们可以使用最新版本。

选择 2.x 版本：

```
<script src="https://cdn.jsdelivr.net/npm/vue@2.6.14/dist/vue.js"></script>
```

选择 3.x 版本：

```
<script src="https://unpkg.com/vue@next"></script>
```

对于生产环境，我们推荐链接到一个明确的版本号和构建文件，以避免新版本造成的不可预期的破坏：

```
<script src="https://cdn.jsdelivr.net/npm/vue@2.6.14"></script>
```

如果你使用原生 ES Modules，这里也有一个兼容 ES Module 的构建文件：

```
<script type="module">
  import Vue from 'https://cdn.jsdelivr.net/npm/vue@2.6.14/dist/vue.esm.
browser.js'
</script>
```

2. 下载 JavaScript 文件并自行托管

如果想避免使用构建工具，但又无法在生产环境使用 CDN，那么你可以下载相关 Vue.js 文件并自行托管在你的服务器上。然后你可以通过<script>标签引入，这一步与使用 CDN 的方法类似。

或者将下载的 Vue.js 文件置于 Web 项目本地 JS 资源，并在代码中通过 <script> 和相对位置引用。

Vue.js 的下载地址可通过直接访问 unpkg 或者 jsDelivr 此类 CDN 网站获取。

1.1.3　Vue 声明式渲染

Vue.js 的核心是一个允许采用简洁的模板语法来声明式地将数据渲染进 DOM 的系统。

1. 文本插值

在我们构建好的静态网页中导入了 Vue.js 资源后，可以使用 Vue 响应式数据显示特性来展示数据和绑定监听。

例 1-1：使用 Vue.js 控制页面数据显示。

HTML 代码如下：

```
<!DOCTYPE html>
<html>
    <head>
        <meta charset="utf-8">
        <title>样例 1-1</title>
    </head>
    <body>
        <h2>使用 Vue.js 控制页面数据显示</h2>
        <div id="app">
            {{ message }}
        </div>
    </body>
```

```
        </html>
```

Vue 代码如下：

```
        <!-- 导入 Vue.js -->
        <script src="https://cdn.jsdelivr.net/npm/vue@2.6.14/dist/vue.js">
</script>
        <script>
            var app = new Vue({
                el: '#app',
                data: {
                    message: 'Hello Vue!'
                }
            })
        </script>
```

运行程序，显示界面如图 1-6 所示。

图 1-6　例 1-1 效果图

看起来这跟渲染一个字符串模板非常类似，但是 Vue 在背后做了大量工作。现在数据和 DOM 已经建立了关联，所有东西都是响应式的。

我们要怎么确认呢？打开浏览器的 JavaScript 控制台，并修改 app.message 的值为"Hello World！"，将看到上例数据显示相应地更新，效果如图 1-7 所示。

图 1-7　响应式网页效果图

使用 Vue 渲染声明式网页，我们就不再和 HTML 直接交互了。一个 Vue 应用会将其挂载到一个 DOM 元素上（此处的 #app），然后对其完全控制。HTML 网页只是程序的入口，内部所有操作和渲染都发生在新创建的 Vue 实例内部。

2. 绑定元素

例 1-2：使用 Vue.js 控制元素属性。

HTML 代码如下：

```html
<!DOCTYPE html>
<html>
    <head>
        <meta charset="utf-8">
        <title>样例 1-1</title>
    </head>
    <body>
        <h2>使用 Vue.js 控制元素属性</h2>
        <div id="app2">
            <span v-bind:title="message">
                鼠标悬停几秒钟查看此处动态绑定的提示信息！
            </span>
        </div>
    </body>
</html>
```

Vue 代码如下：

```html
    <!-- 导入 Vue.js -->
    <script src="https://cdn.jsdelivr.net/npm/vue@2.6.14/dist/vue.js">
</script>
    <script>
        var app = new Vue({
            el: '#app2',
            data: {
                message: '页面加载于 ' + new Date().toLocaleString()
            }
        })
    </script>
```

运行程序，显示界面如图 1-8、图 1-9 所示。

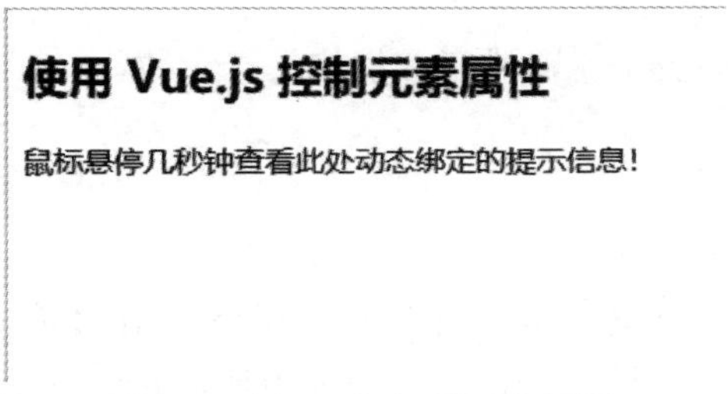

使用 Vue.js 控制元素属性

鼠标悬停几秒钟查看此处动态绑定的提示信息！

使用 Vue.js 控制元素属性

鼠标悬停几秒钟查看此处动态绑定的提示信息！

页面加载于 2021/7/5 下午4:51:09

图 1-8　例 1-2 初识界面效果图 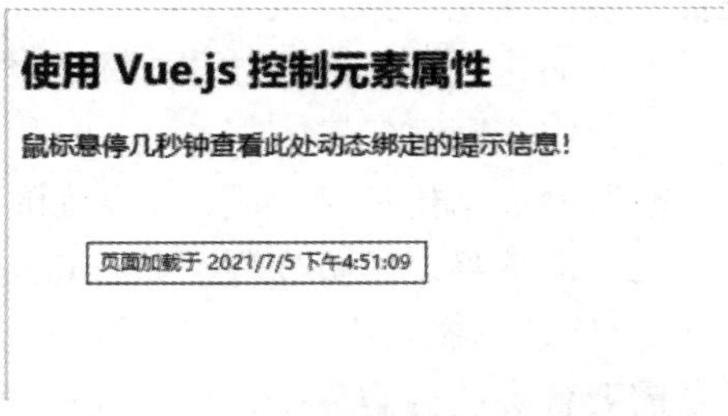　　　　　图 1-9　例 1-2 鼠标悬停效果图

15

相关案例

使用 Vue.js
完成机构列表
界面设计

按照本单元所涉及的知识面及知识点，作为下一步工作实施的参考案例，展示项目案例"使用 Vue.js 完成机构列表界面设计"的实施过程。

按照界面设计的实际项目开发过程，以下是项目从静态网页到 Vue 响应式网页设计的具体流程。

1. 确定界面样式

在正式开始 Vue 响应式网页设计之前，我们需要明确我们的网页设计效果，并构建静态页面。

针对本次的界面设计目标，我们从"齐家乐·智慧医养资源门户"网站中选择"医疗机构"页面中符合要求的医疗结构展示列表模块作为本次的界面设计目标。

"齐家乐·智慧医养资源门户"医疗结构网页效果如图 1-10 所示。为了更方便精确定位到指定模块，将目标界面定位到医疗机构网站中的机构展示列表部分，机构列表效果如图 1-11 所示。

图 1-10 医疗机构页面效果图

2. 构建静态网页

根据确定的界面样式目标，可自主选择从网页中获取界面结构和用 HTML 网页源代码进行界面构建或根据效果图进行静态 HTML 效果编辑。

为了简化数据和展示效果，本次构建的静态网页中忽略排序和机构等级参数。

（1）审查网页元素

获取网页结构和源代码，效果如图 1-12 所示。

（2）创建静态网页文件"Learning_Situation_1.html"

① 构建静态页面。根据网页结构分析，展示内容本身是一个列表，可以使用 ol 或 ul，但是需要包裹的内容复杂，建议在外层以 div 嵌套复用结构，所以只需要明确每一行数据页面结构，即可构建完整的静态页面结构。

图 1-11　机构列表模块效果图

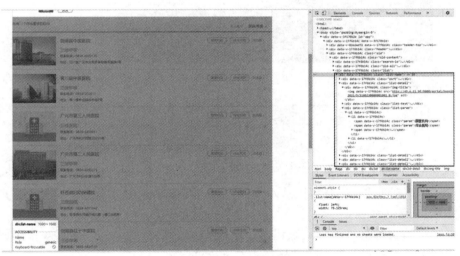

图 1-12　审查网页结构

单行数据页面结构如下：

```
<div class="list-detail">
    <div class="img-title">
        <img src="http://49.4.11.96:9000/portal/hospital/2021/5/5108230000
001001_0.jpg" alt="">
    </div>
    <div class="list-text">
        <ul >
            <li >剑阁县中医医院</li>
```

```
            <li ><span> 三级甲等 </span></li>
            <li >联系电话:0839-6620135</li>
            <li >地址:四川省广元市剑阁县普安镇闻溪路 6 号</li>
        </ul>
    </div>
</div>
```

静态网页效果如图 1-13 所示。

图 1-13　静态网页效果图（1）

② 添加 CSS 样式。同样可以从网页结构中获取标签样式，样式内容参见图 1-12 右下角第二部分。

根据网页结构解析，我们从源代码中获取 CSS 外部样式文件，网页源代码如图 1-14 所示，获取文件"app.82e59ecb23bb65bef6f70f3222ee7127.css"。

图 1-14　网页源代码

将其按照源代码结构，在"Learning_Situation_1.html"同等目录下构建 static/css 文件夹，并将 app.82e59ecb23bb65bef6f70f3222ee7127.css 存放于文件夹中，然后在 HTML 中引

入，代码如下：

```
<link href='./static/css/app.82e59ecb23bb65bef6f70f3222ee7127.css' rel=
'stylesheet'>
```

静态网页效果如图 1-15 所示。

图 1-15　静态网页效果图（2）

③ 引入缺失资源。项目中第三条数据的图片是空白的，在 HTML 中的 img 标签参数如下：

```
<img src="./static/img/medical.cda2fa8.jpg" alt="">
```

所以需要从网络下载图片并将其存储于构建的文件夹 static/img 中。最终静态网页效果如图 1-16 所示。

图 1-16　静态网页效果图（3）

3. Vue 响应式网页设计

在明确网页效果并构建了静态界面原型之后，我们就可以嵌入 Vue，进行界面响应式开发。

以下是使用 Vue 进行响应式界面设计的步骤。

（1）引入 Vue.js 资源

```
<!-- 导入 Vue.js -->
<script src="https://cdn.jsdelivr.net/npm/vue@2.6.14/dist/vue.js"></script>
```

（2）构建 Vue 对象，并绑定 id="app" 的 div

```
<script>
    var app = new Vue({
        el: '#app',
    })
</script>
```

（3）为 Vue 对象设置初始化显示数据

```
var app = new Vue({
    el: '#app',
    data: {
        img_default: './static/img/medical.cda2fa8.jpg',
        rows: [{
            "phone": "0839-6620135",
            "address": "四川省广元市剑阁县普安镇闻溪路 6 号",
            "level_desc": "三级甲等",
            "name_": "剑阁县中医医院",
            "doc_path": "http://49.4.11.96:9000/portal/hospital/2021/5/5108
230000001001_0.jpg"
        },
        ...
        ]
    },
})
```

（4）置换页面数据响应式显示

```
<div id="app">
    <div class="list-name">
      <div class="sort">
        <h3 class="count">共有<span>24</span>个符合要求的机构
          </h3>
      </div>
      <div class="list-detail" v-for="(row, index)in rows" :key="index">
          <div class="img-title">
```

```
            <img :src="row.doc_path || img_default" alt="">
        </div>
        <div class="list-text">
            <ul>
                <li>{{row.name_}}</li>
                <li><span> {{row.level_desc}} </span></li>
                <li>联系电话:{{row.phone}}</li>
                <li>地址:{{row.address}}</li>
            </ul>
        </div>
    </div>
  </div>
</div>
```

（5）实时计算数据总数

在 Vue 对象中添加计算属性：

```
computed: {
    totalCount(){
        return this.rows.length
    },
},
```

将页面总数显示替换为响应式显示：

```
<h3 class="count">共有<span>{{totalCount}}</span>个符合要求的机构</h3>
```

响应式网页效果如图 1-17 所示。

图 1-17 响应式网页效果图

工作实施

按照制订的最佳方案实施计划进行项目开发，填充相应的工作流程内容。

评价反馈

各自完成学习情境的开发并展示作品，介绍任务的完成过程，作品展示前应准备阐述材料，并完成评价。

1. 学生进行自我评价（见表 1-4）。

表 1-4　学生自评表

班级：	姓名：		学号：	
学习情境	使用 Vue.js 完成网页设计			
评价项目	评价标准		分值	得分
方案制订	能根据技术能力快速、准确地制订工作方案		10	
HTML 页面构建	能正确、熟练地使用 HTML 构建静态网页结构		15	
CSS 样式渲染	能正确、熟练地使用 CSS 渲染网页样式效果		10	
Vue 资源引入	能根据情境引入不同 Vue.js 资源		10	
响应式网页开发	能根据方案正确、熟练地进行响应式网页开发		25	
项目开发能力	根据项目开发进度及应用状态评定开发能力		15	
工作质量	根据项目开发过程及成果评定工作质量		15	
合计			100	

2. 在学生展示过程中，以个人为单位，对以上学习情境过程与结果进行互评（见表 1-5）。

表 1-5　学生互评表

学习情境		使用 Vue.js 完成网页设计									
评价项目	分值	等级							评价对象			
									1	2	3	4
计划合理	10	优	10	良	9	中	8	差	6			
方案准确	10	优	10	良	9	中	8	差	6			
工作质量	20	优	20	良	18	中	15	差	12			
工作效率	15	优	15	良	13	中	11	差	9			

（续表）

评价项目	分值	等级								评价对象			
										1	2	3	4
工作完整	10	优	10	良	9	中	8	差	6				
工作规范	10	优	10	良	9	中	8	差	6				
识读报告	10	优	10	良	9	中	8	差	6				
成果展示	15	优	15	良	13	中	11	差	9				
合计	100												

3. 教师对学生工作过程和工作结果进行评价（见表 1-6）。

表 1-6　教师综合评价表

班级：　　　　　　　　　姓名：　　　　　　　　　学号：

学习情境		使用 Vue.js 完成网页设计		
评价项目		评价标准	分值	得分
考勤（20%）		无无故迟到、早退、旷课现象	20	
工作过程（50%）	方案制订	能根据技术能力快速、准确地制订工作方案	5	
	网页制作	能正确、熟练地使用 HTML 构建静态网页结构	10	
	样式渲染	能正确、熟练地使用 CSS 渲染网页样式效果	5	
	响应式开发	能根据方案正确、熟练地进行响应式网页开发	20	
	工作态度	态度端正，工作认真、主动	5	
	职业素质	能做到安全、文明、合法，爱护环境	5	
项目成果（30%）	工作完整	能按时完成任务	5	
	工作质量	能按计划完成工作任务	15	
	识读报告	能正确识读并准备成果展示各项报告材料	5	
	成果展示	能准确表达、汇报工作成果	5	
合计			100	

拓展思考

1. Vue 如何声明式渲染网页？
2. Vue 对象中的数据是如何和标签绑定的？
3. Vue.js 还可以用什么方式引入？

学习情境 1.2　使用 Vue init 构建 Vue 2.x 项目

学习情境描述

1. 教学情境描述：通过教师介绍及讲述 Vue 的脚手架构建工具 Vue CLI，学习 Vue CLI 旧版本 Vue init 工具及其使用方法，并能使用 Vue init 快速构建 Vue 2.x 完整系统项目。

2. 关键知识点：Vue CLI 是什么、Vue CLI 版本变更、Vue init 安装、Vue init 项目构建、Vue 2.x 项目响应式设计。

3. 关键技能点：Vue init 安装、Vue init 项目构建、Vue 2.x 项目响应式设计。

学习目标

1. 理解 Vue CLI 工具的组成部分。
2. 掌握 Vue init 工具的安装。
3. 掌握使用 Vue init 构建 Webpack 项目。
4. 能根据实际网页设计需求，在 Vue 2.x 项目中设计构建响应式网页。

任 务 书

1. 完成通过脚本命令安装 Vue init 工具。
2. 完成通过 Vue init 构建 Vue 2.x 项目。
3. 完成在 Vue 2.x 项目中设计构建响应式网页。

获取信息

引导问题 1：什么是 Vue CLI 工具，什么是 Vue init 工具，它们之间的关系是什么？

1. 什么是 Vue CLI 工具？

_____

_____

2. 什么是 Vue init 工具？

_____

_____

3. Vue CLI 和 Vue init 之间的关系是什么？

_____

_____

引导问题 2：Vue init 如何使用？

_____

_____

引导问题 3：Vue init 构建的 Vue 项目如何实现响应式页面设计？

_____

_____

_____

工作计划

1. 制订工作方案（见表 1-7）。

根据获取的信息进行方案预演，选定目标，明确执行过程。

表 1-7　工作方案

步骤	工作内容
1	
2	
3	
4	

2. 写出此工作方案执行的响应式网页设计原理。

_____

_____

_____

3. 列出工具清单（见表 1-8）。

列举出本次实施方案中所需要用到的软件工具。

表 1-8　工具清单

序号	名称	版本	备注

4. 列出技术清单（见表 1-9）。

列举出本次实施方案中所需要用到的软件技术。

表 1-9　技术清单

序号	名称	版本	备注

进行决策

1. 根据引导、构思、计划等，各自阐述自己的设计方案。
2. 对其他人的设计方案提出自己不同的看法。
3. 教师结合大家完成的情况进行点评，选出最佳方案，并写出最佳方案。

_____

_____

_____

知识准备

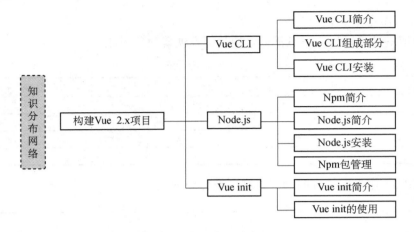

1.2.1 Vue CLI

Vue CLI

1. Vue CLI 组成部分

Vue CLI 有几个独立的部分，Vue CLI 仓库里同时管理了多个单独发布的包。

（1）CLI

CLI（@vue/cli）是一个全局安装的 npm 包，提供了终端里的 Vue 命令。它可以通过 Vue create 快速搭建一个新项目，或者直接通过 Vue server 构建新想法的原型。你也可以通过 Vue ui 以一套图形化界面管理你的所有项目。

（2）CLI 服务

CLI 服务（@vue/cli-service）是一个开发环境依赖。它是一个 npm 包，局部安装在每个@vue/cli 创建的项目中。

CLI 服务是构建于 Webpack 和 webpack-dev-server 之上的。它包含了：

- 加载其他 CLI 插件的核心服务。
- 一个针对绝大部分应用优化过的内部的 Webpack 配置。
- 项目内部的 vue-cli-service 命令，提供 server、build 和 inspect 命令。

（3）CLI 插件

CLI 插件是向你的 Vue 项目提供可选功能的 npm 包，例如，Babel/TypeScript 转译、ESLint 集成、单元测试和 end-to-end 测试等。Vue CLI 插件的名字以@vue/cli-plugin-（内建插件）或 vue-cli-plugin-（社区插件）开头，非常容易使用。

当你在项目内部运行 vue-cli-service 命令时，它会自动解析并加载 package.json 中列出的所有 CLI 插件。

插件可以作为项目创建过程的一部分，或在后期加入项目中。它们也可以被归成一组可复用的 preset。

2. Vue CLI 安装

Vue CLI 可通过 npm 在线命令下载安装最新的包，命令如下：

```
npm install -g @vue/cli
```

通过以下命令验证安装并检验版本正确与否：

```
vue --version
```

1.2.2　Node.js

Node.js

在对于 Vue CLI 的认知过程当中，我们反复提及 npm 包和 npm 管理，那么 npm 是什么呢？

1. npm 简介

npm（node package manager）是 Node.js 的标准软件包管理器。

在 2017 年 1 月时，npm 仓库中就已有超过 350 000 个软件包，这使其成为世界上最大的单一语言代码仓库，并且可以确定几乎有可用于一切的软件包。现在 npm 仓库托管了超过 1 000 000 个可以自由使用的开源库包。

它起初是下载和管理 Node.js 包依赖的方式，但其现在也已成为前端 JavaScript 中使用的工具。

npm 可以管理项目依赖的下载；可以通过运行命令安装特定的软件包；可以通过运行命令更新特定的软件包；npm 还可以管理版本控制，因此可以指定软件包的任何特定版本，或者要求版本高于或低于所需版本。

2. Node.js 简介

Node.js 是一个开源与跨平台的 JavaScript 运行时环境。它是一个可用于几乎任何项目的流行工具！

Node.js 在浏览器外运行 V8 JavaScript 引擎（Google Chrome 的内核），这使 Node.js 表现得非常出色。

Node.js 应用程序运行于单个进程中，无须为每个请求创建新的线程。Node.js 在其标准库中提供了一组异步的 I/O 原生功能（用以防止 JavaScript 代码被阻塞），并且 Node.js 中的库通常是使用非阻塞的范式编写的（从而使阻塞行为成为例外而不是规范）。

当 Node.js 执行 I/O 操作时（如从网络读取、访问数据库或文件系统），Node.js 会在响应返回时恢复操作，而不是阻塞线程并浪费 CPU 循环等待。这使 Node.js 可以在一台服务器上处理数千个并发连接，而无须引入管理线程并发的负担（这可能是重大 bug 的来源）。

Node.js 具有独特的优势，因为为浏览器编写 JavaScript 的数百万前端开发者现在除了客户端代码，还可以编写服务器端代码，而无须学习完全不同的语言。

在 Node.js 中，可以使用新的 ECMAScript 标准，因为不必等待所有用户更新其浏览器，你可以通过更改 Node.js 版本来决定要使用的 ECMAScript 版本，并且还可以通过运行带有标志的 Node.js 来启用特定的实验中的特性。

npm 是 Node.js 标准的软件包管理器。

3. Node.js 安装

Node.js 可以通过多种方式进行安装。安装 Node.js 的其中一种非常便捷的方式是通过软件包管理器。对于这种情况，每种操作系统都有其自身的软件包管理器。

（1）下载安装包

在官网下载对应系统和版本的 Node.js 安装文件。此处我们选择 Windows 64 位安装包（.msi）：node-v16.4.1-x64.msi。

在官网下载相应平台的安装包，地址为"http://nodejs.cn/download"。

下载界面效果如图 1-18 所示。

图 1-18　Node.js 官网软件下载

（2）安装 Node.js

双击安装 node-v16.4.1-x64.msi。安装过程如图 1-19～图 1-21 所示。

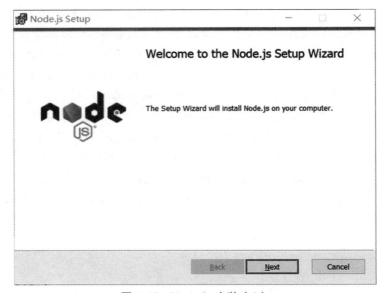

图 1-19　Node.js 安装（1）

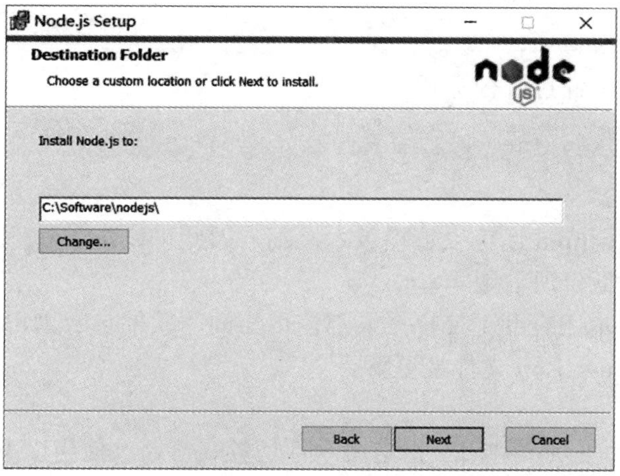

图 1-20　Node.js 安装（2）

图 1-21　Node.js 安装（3）

（3）验证安装

打开命令行窗口，输入以下命令查看 Node.js 和 npm 安装版本。

```
node -v
npm -v
```

4. npm 包管理

（1）下载

如果项目具有 package.json 文件，则通过运行以下命令安装所有依赖：

```
npm install
```

也可以通过运行以下命令安装特定的软件包：

```
npm install <package-name>
```

（2）更新

通过以下命令，npm 会检查所有软件包是否有满足版本限制的更新版本：

```
npm update
```

也可以指定单个软件包进行更新：

```
npm update <package-name>
```

（3）版本控制

除了简单的下载，npm 还可以管理版本控制，因此可以指定软件包的任何特定版本，或者要求版本高于或低于所需版本。

指定库的显示版本还有助于使每个人都使用相同的软件包版本，以便整个团队运行相同的版本，直至 package.json 文件被更新。

（4）运行任务

package.json 文件支持一种用于指定命令行任务（可通过使用以下方式运行）的格式：

```
npm run <task-name>
```

例如，在 package.json 中定义了 Webpack 命令：

```
{
  "scripts": {
    "watch": "webpack --watch --progress --colors --config webpack.conf.js",
    "dev": "webpack --progress --colors --config webpack.conf.js",
    "prod": "NODE_ENV=production webpack -p --config webpack.conf.js",
  },
}
```

可以运行如下命令，而不是输入那些容易忘记或输入错误的长命令：

```
npm run watch
npm run dev
npm run prod
```

1.2.3　Vue init

1. Vue init 简介

Vue init

Vue init 命令是 vue-cli2.x 提供创建 Vue 项目的方式，可以使用 Github 上面的一些模板来初始化项目，比如 Webpack 就是官方推荐的标准模板。

2. Vue init 的使用

Vue CLI>=3 和旧版使用了相同的 vue 命令，所以 Vue CLI 2（Vue-CLI）被覆盖了。如果我们仍然要使用 Vue CLI 2（Vue-CLI）的 Vue init 功能构建 Vue 2.x 项目，则需要在 Vue CLI>=3 环境中安装桥接工具@vue/cli-init。

（1）安装 cli-init

使用以下指令安装 cli-init 工具：

```
npm install -g @vue/cli-init
```

（2）Vue init 命令

通过调用以下指令查看 Vue init 命令：

```
$ vue init -h
Usage: init [options] <template> <app-name>

generate a project from a remote template(legacy API, requires @vue/cli-init)

Options:
  -c, --clone  Use git clone when fetching remote template
  --offline    Use cached template
  -h, --help   output usage information
```

相关案例

按照本单元所涉及的知识面及知识点，作为下一步工作实施的参考案例，展示项目案例"使用 Vue init 构建 Vue 2.x 项目并完成界面设计"的实施过程。

使用 Vue init 构建 Vue 2.x 项目

按照 Vue 项目开发过程，以下是项目从构建到完成界面设计的具体流程展示。

1. 环境准备

在进行 Vue 2.x 项目构建并完成界面设计的项目开发操作之前，需要为 Vue 2.x 项目构建做相关环境准备。

（1）安装 Node.js

在官网下载相应平台的安装包，地址如下：

```
http://nodejs.cn/download
```

下载 Windows 平台安装包：node-v16.4.1-x64.msi。

双击安装 node-v16.4.1-x64.msi。效果如图 1-22 所示。

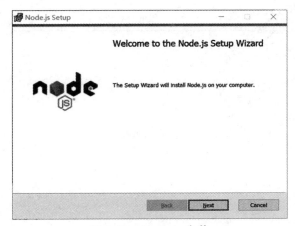

图 1-22　Node.js 安装

31

（2）安装 Vue

使用 Node.js 的包管理器 npm 进行脚本安装 Vue。以下是安装命令：

```
npm install vue
```

（3）安装 Vue CLI

Vue CLI 的包名称由 vue-cli 改成了 @vue/cli。

使用 Node.js 的包管理器 npm 进行脚本安装 Vue CLI。以下是安装命令：

```
npm install -g @vue/cli
```

通过以下命令验证安装并检验版本安装正确与否：

```
vue --version
```

（4）安装 Vue init

使用 Node.js 的包管理器 npm 进行脚本安装 Vue init。以下是安装命令：

```
npm install -g @vue/cli-init
```

2. 项目构建

在安装工具且知道使用命令之后，可以使用相应指令构建 Vue 项目。使用 "vue init" 命令的运行效果将会跟使用 "vue-cli@2.x" 相同，构建的都是 Vue 2.x 版本项目，默认推荐使用 Webpack 模板构建。

（1）初始化项目

相关指令如下：

```
C:\Repositories\Vue>vue init webpack Learning_Situation_2

? Project name learning_situation_2
? Project description A Vue.js project
? Author king1970337657 <king1970337657@sina.com>
? Vue build standalone
? Install vue-router? Yes
? Use ESLint to lint your code? Yes
? Pick an ESLint preset Standard
? Set up unit tests No
? Setup e2e tests with Nightwatch? No
? Should we run `npm install` for you after the project has been created?
(recommended) npm

   vue-cli · Generated "Learning_Situation_2".


# ...


# Project initialization finished!
```

```
# ========================

To get started:

  cd Learning_Situation_2
  npm run dev

Documentation can be found at https://vuejs-templates.github.io/webpack
```

注意：带？部分为构建过程选项，可根据需要自主选择。

其中含义分别是：

- Project name：为项目取一个名称，不能有大写字符。
- Project description：为项目添加描述。
- Author：设置创作者名称。
- Vue build：选择 Vue 项目构建模式。
- Install vue-router?：选择是否添加 vue-router 插件。
- Use ESLint to lint your code?：选择是否使用 ESLint 规范代码。
- Pick an ESLint preset：选择 ESLint 预设模式。
- Set up unit tests：是否使用单元测试工具/插件。
- Setup e2e tests with Nightwatch?：是否使用 e2e 测试工具。
- Should we run `npm install` for you after the project has been created?（recommended）：项目创建后调用 npm install 构建依赖的工具，主要可选项有 npm、yarn。

（2）项目结构解析

至此，基于 Vue init 构建的 Vue 2.x 项目已构建成功，并在本地文件夹 C:\Repositories\Vue 下生成了项目文件夹 Learning_Situation_2 和项目文件目录，效果如图 1-23、图 1-24 所示。

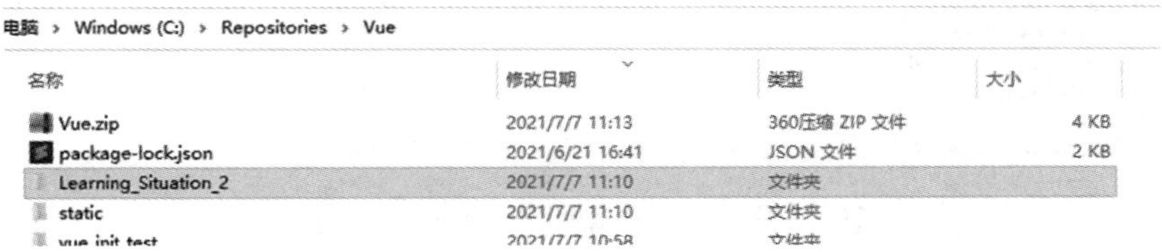

图 1-23　Learning_Situation_2 项目文件夹

图 1-24　Learning_Situation_2 项目文件目录

在项目文件夹 Learning_Situation_2 中，已自动引入依赖环境 Vue、Webpack、插件 vue-router、eslint 等内容，关于 SPA 单页面内容开发，可以直接在项目中进行，无须额外导入响应环境。所有依赖环境包均存在于 node_modules，对应包所在如图 1-25、图 1-26 所示。

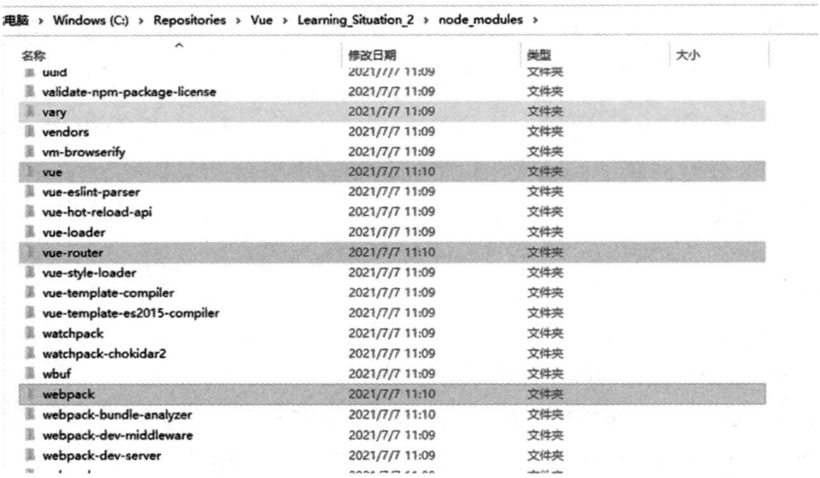

图 1-25　Vue 依赖环境和插件包（1）

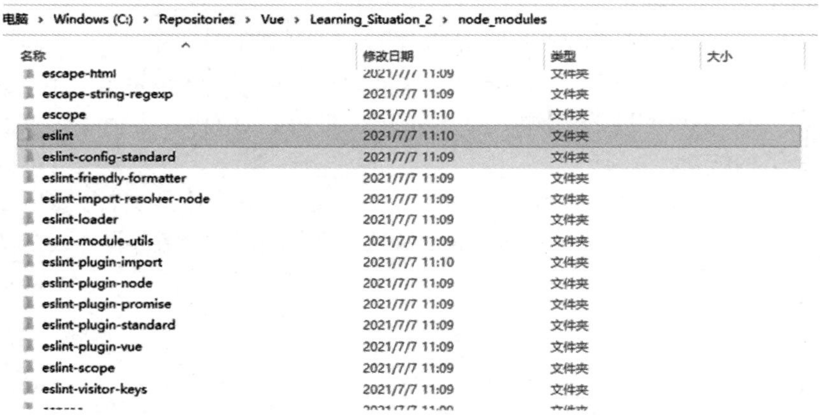

图 1-26　Vue 依赖环境和插件包（2）

项目构建之初，也已生成了 SPA 入口界面，文件位于 Learning_Situation_2/ index.html，并在系统入口处（Learning_Situation_2/src/main.js）构建了 Vue 对象，并绑定了 index.html 中 id="app" 的 div 标签。

index.html 代码如下：

```
<!DOCTYPE html>
<html>
  <head>
    <meta charset="utf-8">
    <meta name="viewport" content="width=device-width,initial-scale=1.0">
    <title>Learning_Situation_2</title>
  </head>
```

```
<body>
  <div id="app"></div>
  <!-- built files will be auto injected -->
</body>
</html>
```

main.js 代码如下：

```
import Vue from 'vue'
import App from './App'
import router from './router'

Vue.config.productionTip = false

/* eslint-disable no-new */
new Vue({
  el: '#app',
  router,
  components: { App },
  template: '<App/>'
})
```

在 main.js 中使用了 Vue Render 服务器渲染技术，使用 "template" 函数将 Vue 组件 App 以标签的形式渲染并绑定到 element selector 为 "#app" 的标签上。

关于服务器渲染技术此处不做详细介绍，想要了解的同学可以参考官网描述（https://ssr.vuejs.org/zh/guide）。

（3）项目运行测试

调用以下命令，查看构建的 Vue 项目是否运行正常：

```
C:\Repositories\Vue>cd Learning_Situation_2
C:\Repositories\Vue\Learning_Situation_2>npm run dev

> learning_situation_2@1.0.0 dev
> webpack-dev-server --inline --progress --config build/webpack.dev.conf.js

(node:18128)[DEP0111] DeprecationWarning: Access to process.binding('http_
parser')is deprecated.
 (Use `node --trace-deprecation ...` to show where the warning was created)
 13% building modules 25/31 modules 6 active ...\Vue\Learning_Situation_
2\src\App.vue{ parser: "babylon" } is deprecated; we now treat it as { parser:
"babel" }.
 95% emitting

DONE  Compiled successfully in 14664ms                          上午 11:23:43
```

```
I  Your application is running here: http://localhost:8080
```

浏览器访问网址为 http://localhost:8080，界面效果如图 1-27 所示，表明项目构建和运行正常。

图 1-27　项目运行测试效果图

3. 界面设计

本次的界面设计目标和学习情境 1.1 "使用 Vue.js 完成网页设计" 的相关案例一致，实现医疗机构列表页的响应式界面设计。

Vue 项目构建后提供了配套工具来开发单文件组件，并使用配置的方式镶嵌入项目和页面中，比如 Learning_Situation_2 中的 src/App.vue，并在 src/main.js 中引入并通过绑定 el: '#app' 的方式嵌入 index.html 中。所以我们可以直接在 src/App.vue 中构建我们的响应式界面设计。

（1）分析 App.vue 结构

使用 WebStorm、HBuilderX、VSCode 或其他 Web 开发工具打开项目 Learning_Situation_2，打开 src/App.vue，App.vue 的文档结构如图 1-28 所示。

图 1-28　App.vue 的文档结构

从文件结构中可以看出，App.vue 将结构分成了 3 个部分，分别是 template、script、style。它们分别代表了：

- template：模板文件，用于渲染网页效果、内部编辑 HTML 脚本。
- script：脚本代码，内部编辑页面的 JavaScript 或其他脚本内容。
- style：样式表，内部编辑 App 模板渲染管理部分的样式表。

（2）构建 template

根据文档结构要求和界面内容要求，在 template 中添加页面初始结构。

```html
<template>
  <div id="app">
    <div class="list-name">
      <div class="sort">
        <h3 class="count">共有<span >24</span>个符合要求的机构</h3>
      </div>
      <div class="list-detail">
        <div class="img-title">
          <img src="http://49.4.11.96:9000/portal/hospital/2021/5/5108230000001001_0.jpg" alt="">
        </div>
        <div class="list-text">
          <ul >
            <li >剑阁县中医医院</li>
            <li ><span > 三级甲等 </span></li>
            <li >联系电话:0839-6620135</li>
            <li >地址:四川省广元市剑阁县普安镇闻溪路 6 号</li>
          </ul>
        </div>
      </div>
    </div>
  </div>
</template>
```

效果如图 1-29 所示。

图 1-29　template 效果图

（3）构建 script

根据网页内容需要，在 script 中添加数据模块和计算模块。

```
<script>
export default {
  name: 'App',
  data(){
    return {
      img_default: './static/img/medical.cda2fa8.jpg',
      rows: [{
        'phone': '0839-6620135',
        'address': '四川省广元市剑阁县普安镇闻溪路 6 号',
        'level_desc': '三级甲等',
        'name_': '剑阁县中医医院',
        'doc_path': 'http://49.4.11.96:9000/portal/hospital/2021/5/5108230
000001001_0.jpg'
      },
      ...
]
    }
  },
  computed: {
    totalCount(){
      return this.rows.length
    }
  }
}
</script>
```

在构建了数据模块和计算模块之后，就可以将 template 页面渲染变更为响应式形式了。

```
<template>
  <div id="app">
    <div class="list-name">
      <div class="sort">
        <h3 class="count">共有<span>{{ totalCount }}</span>个符合要求的机构
        </h3>
      </div>
      <div class="list-detail" v-for="(row, index)in rows" :key="index">
        <div class="img-title">
<img :src="row.doc_path || img_default" alt="">
        </div>
        <div class="list-text">
          <ul>
            <li>{{ row.name_ }}</li>
```

```
            <li><span> {{ row.level_desc }} </span></li>
            <li>联系电话:{{ row.phone }}</li>
            <li>地址:{{ row.address }}</li>
          </ul>
        </div>
      </div>
    </div>
  </div>
</template>
```

效果如图 1-30 所示。

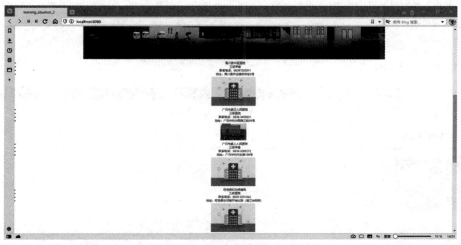

图 1-30　script 效果图（缩放至 10%）

（4）构建 style

在界面结构和数据无误的情况下，添加样式表数据，统一整体风格。

将 Learning_Situation_1 中的静态资源导入 Learning_Situation_2/static 下，效果如图 1-31 所示。

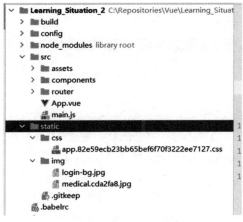

图 1-31　导入静态资源

可以在 index.html 中引入全局外部资源：

```
<link rel="stylesheet" href="static/css/app.82e59ecb23bb65bef6f70f3222ee
7127.css">
```

可以在 App.vue 的 style 中设置局部样式：

```
<style>
#app {
  font-family: 'Avenir', Helvetica, Arial, sans-serif;
  -webkit-font-smoothing: antialiased;
  -moz-osx-font-smoothing: grayscale;
  color: #2c3e50;
}
</style>
```

效果如图 1-32 所示。

图 1-32　style 效果图

工作实施

按照制订的最佳方案实施计划进行项目开发，填充相应的工作流程内容。

评价反馈

各自完成学习情境的开发并展示作品，介绍任务的完成过程，作品展示前应准备阐述材料，并完成评价。

1. 学生进行自我评价（见表 1-10）。

表 1-10　学生自评表

班级：　　　　　　　　　姓名：　　　　　　　　学号：

学习情境	使用 Vue init 构建 Vue 2.x 项目		
评价项目	评价标准	分值	得分
方案制订	能根据技术能力快速、准确地制订工作方案	10	
环境准备	能正确、熟练地使用 npm 管理依赖环境	20	
项目构建	能正确、熟练地使用 Vue init 构建 Vue 项目	15	
响应式开发	能根据方案正确、熟练地进行响应式网页开发	25	
项目开发能力	根据项目开发进度及应用状态评定开发能力	15	
工作质量	根据项目开发过程及成果评定工作质量	15	
合计		100	

2. 学生展示过程中，以个人为单位，对以上学习情境过程与结果进行互评（见表 1-11）。

表 1-11　学生互评表

学习情境		使用 Vue init 构建 Vue 2.x 项目									
评价项目	分值	等级							评价对象			
									1	2	3	4
计划合理	10	优	10	良	9	中	8	差	6				
方案准确	10	优	10	良	9	中	8	差	6				
工作质量	20	优	20	良	18	中	15	差	12				
工作效率	15	优	15	良	13	中	11	差	9				
工作完整	10	优	10	良	9	中	8	差	6				
工作规范	10	优	10	良	9	中	8	差	6				
识读报告	10	优	10	良	9	中	8	差	6				
成果展示	15	优	15	良	13	中	11	差	9				
合计	100												

3. 教师对学生工作过程和工作结果进行评价（见表 1-12）。

表 1-12 教师综合评价表

班级：　　　　　　　　　姓名：　　　　　　　　　学号：

学习情境		使用 Vue init 构建 Vue 2.x 项目		
评价项目		评价标准	分值	得分
考勤（20%）		无无故迟到、早退、旷课现象	20	
工作过程（50%）	方案制订	能根据技术能力快速、准确地制订工作方案	5	
	环境准备	能正确、熟练地使用 npm 管理依赖环境	10	
	项目构建	能正确、熟练地使用 Vue init 构建 Vue 项目	5	
	响应式开发	能根据方案正确、熟练地进行响应式网页开发	20	
	工作态度	态度端正，工作认真、主动	5	
	职业素质	能做到安全、文明、合法，爱护环境	5	
项目成果（30%）	工作完整	能按时完成任务	5	
	工作质量	能按计划完成工作任务	15	
	识读报告	能正确识读并准备成果展示各项报告材料	5	
	成果展示	能准确表达、汇报工作成果	5	
合计			100	

拓展思考

1. Vue 的环境还可以通过什么方式管理？
2. 如何提升 Vue 环境和项目的构建速度？
3. Vue 项目还有什么其他的构建方式？

学习情境 1.3　使用 Vue create 构建 Vue 2.x 项目

学习情境描述

1. 教学情境描述：通过讲解学习 Vue CLI >= 3 的版本，学习使用 Vue CLI 通过命令构建 Vue 项目的方式，学习掌握如何通过 Vue CLI 快速构建 Vue 2.x 完整系统项目。

2. 关键知识点：Vue CLI 是什么、Vue CLI 版本变更、Vue CLI 安装、Vue create 项目构建、Vue 2.x 项目响应式设计。

3. 关键技能点：Vue CLI 安装、Vue create 项目构建、Vue 2.x 网页设计。

学习目标

1. 理解 Vue CLI 工具的组成部分。
2. 掌握 Vue CLI 工具的安装。

3. 掌握使用 Vue create 构建 Vue 2.x 项目。

4. 能根据实际网页设计需求，在 Vue 2.x 项目中设计构建网页。

任 务 书

1. 完成通过脚本命令安装工具 @vue/cli。

2. 完成通过 Vue create 构建 Vue 2.x 项目。

3. 完成在 Vue 2.x 项目中设计构建网页。

获取信息

引导问题 1：Vue CLI 构建 Vue 项目的命令是什么？

_____

_____

引导问题 2：Vue CLI 如何构建 Vue 项目？

_____

_____

引导问题 3：Vue CLI 如何精准控制 Vue 项目的版本和插件？

_____

_____

工作计划

1. 制订工作方案（见表 1-13）。

根据获取的信息进行方案预演，选定目标，明确执行过程。

表 1-13　工作方案

步骤	工作内容
1	
2	
3	
4	

2. 写出此工作方案执行的响应式网页设计原理。

_____

_____

_____

3. 列出工具清单（见表 1-14）。

列举出本次实施方案中所需要用到的软件工具。

表 1-14　工具清单

序号	名称	版本	备注

4. 列出技术清单（见表 1-15）。

列举出本次实施方案中所需要用到的软件技术。

表 1-15　技术清单

序号	名称	版本	备注

进行决策

1. 根据引导、构思、计划等，各自阐述自己的设计方案。
2. 对其他人的设计方案提出自己不同的看法。
3. 教师结合大家完成的情况进行点评，选出最佳方案，并写出最佳方案。

_____

_____

_____

知识准备

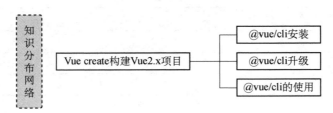

1. @vue/cli 安装

Vue CLI 的包名称由 vue-cli 改成了 @vue/cli。

如果本地环境中已经全局安装了旧版本的 Vue-CLI（1.x 或 2.x），则需要先通过以下命令卸载：

```
npm uninstall vue-cli -g
```

Vue create

Vue CLI 4.x 需要 Node.js v8.9 或更高版本（推荐 v10 以上）。

通过以下命令安装最新的@vue/cli：

```
npm install -g @vue/cli
```

通过以下命令验证安装并检验版本安装正确与否：

```
vue --version
```

2. @vue/cli 升级

Vue CLI 包可以通过 npm 管理并全局升级，执行以下命令即可：

```
npm update -g @vue/cli
```

3. @vue/cli 的使用

Vue CLI 工具可以进行快速原型开发、构建 Vue 项目、添加项目插件、设定 Preset 等。此处，我们只需要关注 Vue CLI 工具构建 Vue 项目的功能即可。

Vue CLI 构建 Vue 项目可以使用 Vue create 的语法，通过调用以下指令查看 vue create 命令：

```
C:\Repositories\Vue>vue create --help
用法:create [options] <app-name>

创建一个由 `vue-cli-service` 提供支持的新项目


选项:


  -p, --preset <presetName>        忽略提示符并使用已保存的或远程的预设选项
  -d, --default                    忽略提示符并使用默认预设选项
  -i, --inlinePreset <json>        忽略提示符并使用内联的 JSON 字符串预设选项
  -m, --packageManager <command>  在安装依赖时使用指定的 npm 客户端
  -r, --registry <url>             在安装依赖时使用指定的 npm registry
  -g, --git [message]              强制 / 跳过 git 初始化,并可选的指定初始化提交信息
  -n, --no-git                     跳过 git 初始化
  -f, --force                      覆写目标目录可能存在的配置
  -c, --clone                      使用 git clone 获取远程预设选项
  -x, --proxy                      使用指定的代理创建项目
  -b, --bare                       创建项目时省略默认组件中的新手指导信息
  -h, --help                       输出使用帮助信息
```

相关案例

按照本单元所涉及的知识面及知识点，作为下一步工作实施的参考案例，展示项目案例"使用 Vue create 构建 Vue 2.x 项目并完成界面设计"的实施过程。

按照 Vue 项目开发过程，以下是项目从构建到完成界面设计的具体流程。

1. 环境准备

在进行 Vue 2.x 项目构建并完成界面设计的项目开发操作之前，需要为 Vue 2.x 项目构建做相关环境准备（注：此处与学习情境 1.2 类似，为了展示完整流程此处保留相关内容）。

（1）安装 Node.js

在官网下载相应平台的安装包，地址为"http://nodejs.cn/download"。

下载 Windows 平台的安装包：node-v16.4.1-x64.msi。双击安装，并按照操作等待安装成功。

（2）安装 Vue

使用 Node.js 的包管理器 npm 进行脚本安装 Vue。以下是安装命令：

```
npm install vue
```

（3）安装 Vue CLI

Vue CLI 的包名称由 vue-cli 改成了@vue/cli。使用 Node.js 的包管理器 npm 进行脚本安装@vue/cli。以下是安装命令：

```
npm install -g @vue/cli
```

2. 项目构建

使用 Vue CLI>=3 工具构建的 Vue 项目和 Vue init 构建的项目在结构上有所不同，对于 Webpack 的相关配置也并未完全配置，可配置性更高。

利用 Vue create 命令构建的 Vue 项目的目标是固定的，但是目标选项可以自由配置。

（1）初始化项目

使用 Vue create 构建的项目名称不能带有大写字符。相关指令如下：

```
C:\Repositories\Vue>vue create learning_situation_3
```

命令执行后会出现以下选项，选择预设版本：

```
Vue CLI v4.5.13
? Please pick a preset:(Use arrow keys)
> Default([Vue 2] babel, eslint)
  Default(Vue 3)([Vue 3] babel, eslint)
  Manually select features
```

此处要构建的 Vue 项目是 2.x，所以选择"Default（[Vue 2] babel，eslint）"，接下来会自动构建 Vue 项目：

```
Vue CLI v4.5.13
? Please pick a preset: Default([Vue 2] babel, eslint)


Vue CLI v4.5.13
  Creating project in C:\Repositories\Vue\learning_situation_3.
□ Initializing git repository...
  □ Installing CLI plugins. This might take a while...
```

```
[        ...........] | idealTree:@vue/babel-sugar-v-on: sill fetch manifest
camelcase@^5.0.0

 added 1275 packages, and audited 1276 packages in 3m
 added 49 packages, and audited 1325 packages in 9s

Run `npm audit` for details.
  Running completion hooks...
□ Generating README.md...

□ Successfully created project learning_situation_3.
□ Get started with the following commands:

 $ cd learning_situation_3
 $ npm run serve
```

（2）项目结构解析

至此，基于 Vue create 构建的 Vue 2.x 项目已构建成功，并在本地文件夹 C：\Repositories\ Vue 下生成了项目文件夹 learning_situation_3 和项目文件目录，效果如图 1-33、图 1-34 所示。

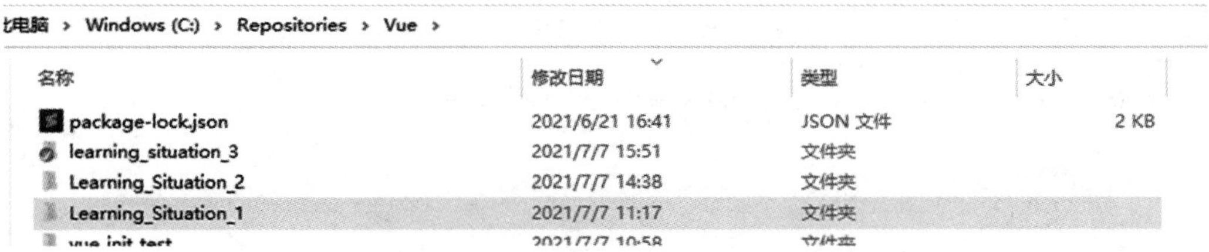

图 1-33 learning_situation_3 项目文件夹

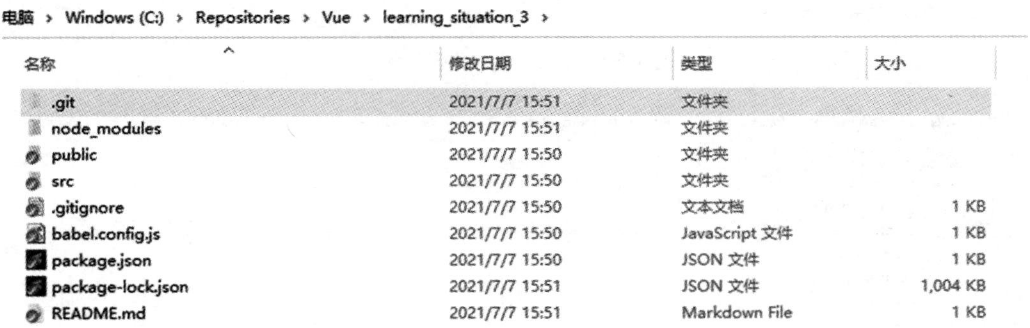

图 1-34 learning_situation_3 项目文件目录

在项目 learning_situation_3 中，已自动引入依赖环境 Vue、babel、ESLint 等内容，关于 SPA 单页面内容开发，可以直接在项目中进行，无须额外导入响应环境。所有依赖环境包均存在于 node_modules，对应包所在如图 1-35～图 1-37 所示。

项目构建之初，也已经生成好了 SPA 入口界面，文件位于 learning_situation_3/public/

index.html，并在系统入口处（learning_situation_3/src/main.js）构建了 Vue 对象，并将 App.vue 对象渲染的界面挂载在 index.html 中 id="app"的 div 标签上。

图 1-35　Vue 依赖环境：Vue

图 1-36　Vue 依赖环境：babel

图 1-37　Vue 依赖插件包：ESLint

index.html 代码如下：

```
<!DOCTYPE html>
<html lang="">
  <head>
```

```
    <meta charset="utf-8">
    <meta http-equiv="X-UA-Compatible" content="IE=edge">
    <meta name="viewport" content="width=device-width,initial-scale=1.0">
    <link rel="icon" href="<%= BASE_URL %>favicon.ico">
    <title><%= htmlWebpackPlugin.options.title %></title>
  </head>
  <body>
    <noscript>
      <strong>We're sorry but <%= htmlWebpackPlugin.options.title %> doesn't
work properly without JavaScript enabled. Please enable it to continue.</strong>
    </noscript>
    <div id="app"></div>
    <!-- built files will be auto injected -->
  </body>
</html>
```

main.js 代码如下：

```
import Vue from 'vue'
import App from './App.vue'

Vue.config.productionTip = false

new Vue({
  render: h => h(App),
}).$mount('#app')
```

在 main.js 中使用了 Vue Render 服务器渲染技术，使用 render 函数将 Vue 组件 App 以标签的形式渲染并挂载到 element selector 为 "#app" 的标签上。

（3）项目运行测试

调用以下命令，查看构建的 Vue 项目是否运行正常：

```
C:\Repositories\Vue>cd learning_situation_3
C:\Repositories\Vue\learning_situation_3>npm run serve


> learning_situation_3@0.1.0 serve
> vue-cli-service serve

 INFO  Starting development server...
98% after emitting CopyPlugin

 DONE  Compiled successfully in 7889ms                      下午 4:29:30
```

```
App running at:
- Local:   http://localhost:8080/
- Network: http://192.168.13.28:8080/

Note that the development build is not optimized.
To create a production build, run npm run build.
```

浏览器访问网址：http://localhost:8080 或者 http://192.168.13.28:8080/，界面效果如图 1-38 所示，表明项目构建和运行正常。

图 1-38　项目运行测试效果图

3. 界面设计

本次的界面设计目标是构建全局顶部图标部分，实现"齐家乐·智慧医养资源门户"顶部图标及登录注册入口的单文件组件界面设计。

Vue 项目构建后提供了配套工具来开发单文件组件，并使用配置的方式镶嵌入项目和页面中，比如 learning_situation_3 中的 src/App.vue，并在 src/main.js 中引入并通过 "$mount" 挂载于 index.html 中 selector 为 "#app" 的标签上。所以我们可以直接在 src/App.vue 中构建我们的界面设计。

头部导航

使用 WebStorm、HBuilderX、VSCode 或其他 Web 开发工具打开项目 learning_situation_3，打开 src/App.vue，App.vue 的文档结构如图 1-39 所示。

在项目构建之初，App.vue 中引入了自定义组件 HelloWorld.vue，并以标签 "<HelloWorld>" 的形式将组件渲染的页面插入了页面中。本次操作也是构建一个单文件组件，内部渲染项目的全局顶部图标和入口，并嵌入首页中显示。

（1）自定义组件 HeaderTop

参照 HelloWorld 的构造形式，自定义组件 HeaderTop。

在 src/components 下创建 HeaderTop.vue（以模板方式创建）。效果如图 1-40 所示。

图 1-39 　 App.vue 的文档结构

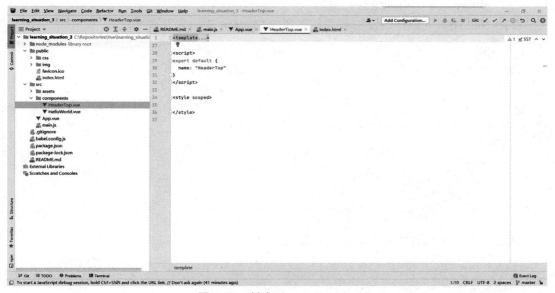

图 1-40 　 创建 HeaderTop.vue

根据文档结构要求和界面内容要求，在 template 中添加页面初始结构。

```html
<template>
  <div>
    <div class="header-top">
      <div class="content-top">
        <div class="content-left">
          <img src="../assets/img/logo.png" alt="">
        </div>
        <div class="content-right">
```

```
      <ul>
        <li class="login-register" @click="$router.push({path:'/login'});">
          <img src="../assets/img/person_default.png" alt="">
          <span>立即登录</span>
        </li>
        <li    class="login-register"    @click="$router.push({path:'/
register'});">注册</li>
        <li @click="$router.push({path:'/inject'});">机构入驻</li>
      </ul>
    </div>
  </div>
  </div>
  </div>
</template>
```

因本模块为静态页面，所以不需要在 script 中添加数据模块和计算模块。style 样式表使用全局样式即可，下一步将添加全局样式内容。

（2）在 App.vue 中引入组件并使用

参照 HelloWorld 组件的使用方式，需要先在 script 中引入并声明：

```
<script>
import HeaderTop from "./components/HeaderTop";

export default {
  name: 'App',
  components: {
    HeaderTop
  }
}
</script>
```

然后在需要显示的地方像标签一样使用：

```
<template>
  <div id="app">
    <HeaderTop/>
  </div>
</template>
```

（3）引入全局样式

在界面结构和数据无误的情况下，添加样式表数据，统一整体风格。

将 Learning_Situation_1 中的静态资源导入 learning_situation_3/public 下，效果如图 1-41 所示。

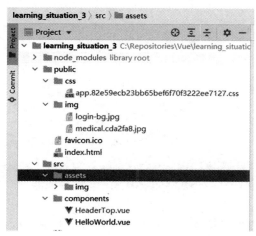

图 1-41　导入静态资源

可以在 public/index.html 中引入全局外部资源：

```
<link rel="stylesheet" href="<%= BASE_URL %>css/app.82e59ecb23bb65bef6f70f
3222ee7127.css">
```

可以在 App.vue 的 style 中设置局部样式：

```
<style>
#app {
  font-family: Avenir, Helvetica, Arial, sans-serif;
  -webkit-font-smoothing: antialiased;
  -moz-osx-font-smoothing: grayscale;
  text-align: center;
  color: #2c3e50;
}
</style>
```

效果如图 1-42 所示。

图 1-42　全局顶部图标效果图

工作实施

按照制订的最佳方案实施计划进行项目开发，填充相应的工作流程内容。

评价反馈

各自完成学习情境的开发并展示作品，介绍任务的完成过程，作品展示前应准备阐述材料，并完成评价。

1. 学生进行自我评价（见表 1-16）。

表 1-16　学生自评表

班级：　　　　　　　　　姓名：　　　　　　　　学号：

学习情境	使用 Vue create 构建 Vue 2.x 项目		
评价项目	评价标准	分值	得分
方案制订	能根据技术能力快速、准确地制定工作方案	10	
环境准备	能正确、熟练地使用 npm 管理依赖环境	20	
项目构建	能正确、熟练地使用 Vue create 构建 Vue 项目	15	
响应式开发	能根据方案正确、熟练地进行响应式网页开发	25	
项目开发能力	根据项目开发进度及应用状态评定开发能力	15	
工作质量	根据项目开发过程及成果评定工作质量	15	
合计		100	

2. 学生展示过程中，以个人为单位，对以上学习情境过程与结果进行互评（见表 1-17）。

表 1-17　学生互评表

学习情境		使用 Vue create 构建 Vue 2.x 项目								评价对象			
评价项目	分值	等级								1	2	3	4
计划合理	10	优	10	良	9	中	8	差	6				
方案准确	10	优	10	良	9	中	8	差	6				
工作质量	20	优	20	良	18	中	15	差	12				
工作效率	15	优	15	良	13	中	11	差	9				
工作完整	10	优	10	良	9	中	8	差	6				
工作规范	10	优	10	良	9	中	8	差	6				
识读报告	10	优	10	良	9	中	8	差	6				
成果展示	15	优	15	良	13	中	11	差	9				
合计	100												

3. 教师对学生工作过程和工作结果进行评价（见表 1-18）。

表 1-18　教师综合评价表

班级：　　　　　　　　　姓名：　　　　　　　　　学号：

学习情境		使用 Vue create 构建 Vue 2.x 项目		
评价项目		评价标准	分值	得分
考勤（20%）		无无故迟到、早退、旷课现象	20	
工作过程（50%）	方案制订	能根据技术能力快速、准确地制订工作方案	5	
	环境准备	能正确、熟练地使用 npm 管理依赖环境	10	
	项目构建	能正确、熟练地使用 Vue create 构建 Vue 项目	5	
	响应式开发	能根据方案正确、熟练地进行响应式网页开发	20	
	工作态度	态度端正、工作认真、主动	5	
	职业素质	能做到安全、文明、合法、爱护环境	5	
项目成果（30%）	工作完整	能按时完成任务	5	
	工作质量	能按计划完成工作任务	15	
	识读报告	能正确识读并准备成果展示各项报告材料	5	
	成果展示	能准确表达、汇报工作成果	5	
合计			100	

拓展思考

1. Vue CLI 还可以做些什么？
2. Vue create 还可以创建什么项目？
3. Vue CLI 如何构建预设版本？
4. Vue init 和 Vue create 构建的 Vue 2.x 项目有何不同？

学习情境 1.4　使用 Vue ui 构建 Vue 3.x 项目

学习情境描述

1. 教学情境描述：通过讲解学习 Vue CLI>=3 的版本，学习使用 Vue CLI 通过命令和可视化界面的方式引导构建 Vue 项目，并学习如何在可视化引导页面中添加依赖和相关插件，快速构建 Vue 3.x 完整系统项目。

2. 关键知识点：Vue CLI 是什么、Vue CLI 版本变更、Vue CLI 安装、Vue ui 项目构建、可视化环境依赖、可视化插件构建、Vue 3.x 项目响应式设计。

3. 关键技能点：Vue CLI 安装、Vue ui 项目构建、可视化环境依赖、可视化插件构建、Vue 3.x 网页设计。

学习目标

1. 理解 Vue CLI 工具的组成部分。
2. 掌握 Vue CLI 工具的安装。
3. 掌握使用 Vue ui 可视化界面引导构建 Vue 3.x 项目。
4. 掌握 Vue ui 可视化环境依赖和插件构建。
5. 能根据实际网页设计需求，在 Vue 3.x 项目中设计构建网页。

任 务 书

1. 完成通过脚本命令安装工具 @vue/cli。
2. 完成通过 Vue ui 构建 Vue 3.x 项目。
3. 完成在 Vue 3.x 项目中设计构建网页。

获取信息

引导问题 1：Vue CLI 可视化构建 Vue 项目的命令是什么？

_____

引导问题 2：Vue CLI 如何构建 Vue 项目依赖和插件依赖？

_____

引导问题 3：Vue init、Vue create、Vue ui 构建的项目有何不同？

_____

_____

工作计划

1. 制订工作方案（见表 1-19）。
根据获取的信息进行方案预演，选定目标，明确执行过程。

表 1-19　工作方案

步骤	工作内容
1	
2	
3	
4	

2. 写出此工作方案执行的响应式网页设计原理。

_____

_____

3. 列出工具清单（见表 1-20）。

列举出本次实施方案中所需要用到的软件工具。

表 1-20 工具清单

序号	名称	版本	备注

4. 列出技术清单（见表 1-21）。

列举出本次实施方案中所需要用到的软件技术。

表 1-21 技术清单

序号	名称	版本	备注

进行决策

1. 根据引导、构思、计划等，各自阐述自己的设计方案。
2. 对其他人的设计方案提出自己不同的看法。
3. 教师结合大家完成的情况进行点评，选出最佳方案，并写出最佳方案。

知识准备

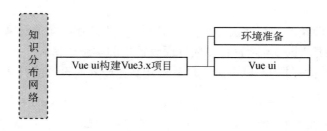

1. 环境准备

Vue ui 是 Vue CLI 中的可视化界面引导项目构建指令，所以需要提前准备 Vue CLI 的相关环境。

Vue CLI 的包名称由 vue-cli 改成了 @vue/cli。

如果本地环境中已经全局安装了旧版本的 Vue-CLI（1.x 或 2.x），则需要先通过以下命令卸载：

```
npm uninstall vue-cli -g
```

Vue CLI 4.x 需要 Node.js v8.9 或更高版本（推荐 v10 以上）。

通过以下命令安装最新的 @vue/cli：

```
npm install -g @vue/cli
```

通过以下命令验证安装并检验版本安装正确与否：

```
vue --version
```

2. Vue ui

Vue ui 是使用图形化界面引导创建和管理 Vue 项目的命令。

```
vue ui
```

通过调用以下指令查看 Vue ui 命令：

```
C:\Repositories\Vue>vue ui -h
Usage: ui [options]

start and open the vue-cli ui

Options:
  -H, --host <host>  Host used for the UI server(default: localhost)
  -p, --port <port>  Port used for the UI server(by default search for
available port)
  -D, --dev          Run in dev mode
  --quiet            Don't output starting messages
  --headless         Don't open browser on start and output port
  -h, --help         output usage information
```

相关案例

按照本单元所涉及的知识面及知识点，作为下一步工作实施的参考案例，展示项目案例"使用 Vue ui 构建 Vue 3.x 项目并完成界面设计"的实施过程。

按照 Vue 项目开发过程，以下是项目从构建到完成界面设计的具体流程。

1. 环境准备

在进行 Vue 3.x 项目构建并完成界面设计的项目开发操作之前，需要为 Vue 3.x 项目构建做相关环境准备。

（1）安装 Node.js

在官网下载相应平台的安装包，地址为："http://nodejs.cn/download"。

下载 Windows 平台的安装包"node-v16.4.1-x64.msi"。双击安装，并按照操作等待安装成功。

（2）安装 Vue

使用 Node.js 的包管理器 npm 进行脚本安装 Vue。以下是安装命令：

```
npm install vue
```

（3）安装 Vue CLI

本次操作版本为 4.5.13。Vue CLI 的包名称从版本 3 开始由 vue-cli 改成了@vue/cli。使用 Node.js 的包管理器 npm 进行脚本安装@vue/cli。以下是安装命令：

```
npm install -g @vue/cli
```

2. 项目构建

使用 Vue ui 图形化界面引导创建和管理的 Vue 项目与 Vue create 构建的 Vue 项目在本质上等同，不过它能更加灵活和方便地操作。

Vue ui 命令构建 Vue 项目的目标是固定的，但是目标选项可以自由配置。

（1）调出图形化界面

使用 Vue ui 调出图形化界面，等同于打开一个 Vue 项目创建和管理的本地服务器。

相关指令如下：

```
C: \Repositories\Vue>vue ui
□  Starting GUI...
□  Ready on http://localhost: 8000
```

自动打开浏览器，访问 Vue 项目管理器，地址是 http://localhost:8000/project/select，界面效果如图 1-43 所示。

图 1-43　Vue 项目管理器

（2）指定项目目录

单击"创建"按钮，切换 Vue 项目创建视图，并在视图中切换项目目录，效果如图 1-44

所示。

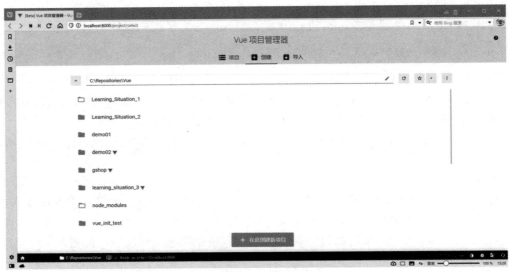

图 1-44　指定项目目录

（3）创建新项目

单击"在此创建新项目"按钮，开始创建项目。

设置项目详情，分别是：指定项目文件夹；输入项目名称（大写字符会自动转换为小写字符）；选择包管理器；初始化 Git 仓库。具体效果如图 1-45 所示。

图 1-45　设置项目详情

设置项目预设版本，和使用 Vue create 时选择预设组合类似，可以选择 Vue2、Vue3、手动配置方式、远程预设（从 Git 仓库拉取）方式。本次操作可以直接选择 Vue3 的预设模板或者手动配置项目的方式。其中区别分别是：

● 默认：直接构建带有 Vue 3、babel、ESLint 环境的 Vue 3 项目。

● 手动：进行下一步的功能和配置自定义选择，可自主选择 Vue 版本、vue-router 插件、ESLint 插件、test 工具等。

效果如图 1-46 所示。

图 1-46 设置项目预设

项目构建成功后会自动跳转到项目仪表盘界面，效果如图 1-47 所示。

图 1-47 项目仪表盘

（4）配置依赖和插件

可以在 Vue 项目管理器中查看和添加项目依赖，效果如图 1-48 所示。

可以在 Vue 项目管理器中查看和添加项目插件，可以直接添加 vue-router、Vuex 等，效果如图 1-49 所示。

图 1-48　配置项目依赖

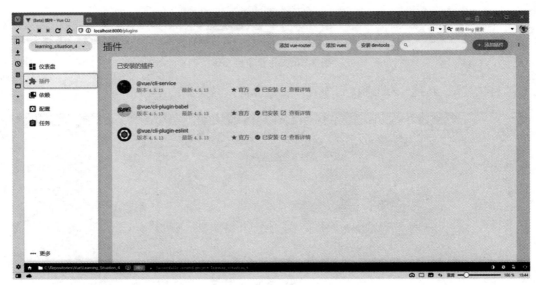

图 1-49　配置项目插件

（5）编译和启动项目

可以在 Vue 项目管理器中直接编译和启动此 Vue 项目，启动项目效果如图 1-50、图 1-51 所示。

启动成功之后，可以通过浏览器访问网址：http://localhost:8080 或者 http://192.168.13. 28:8080/，界面效果如图 1-52 所示，表明项目构建和运行正常。

（6）项目结构解析

至此，基于 Vue ui 图形化界面创建和管理的 Vue 3.x 项目已构建成功，并在本地文件 夹C:\Repositories\Vue下生成了项目文件夹learning_situation_4和项目文件目录，效果如图1-53、图 1-54 所示。

图 1-50　项目可视化启动（1）

图 1-51　项目可视化启动（2）

图 1-52　项目运行效果图

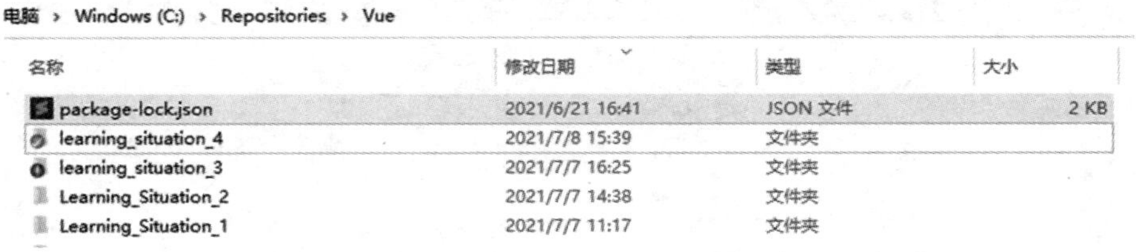

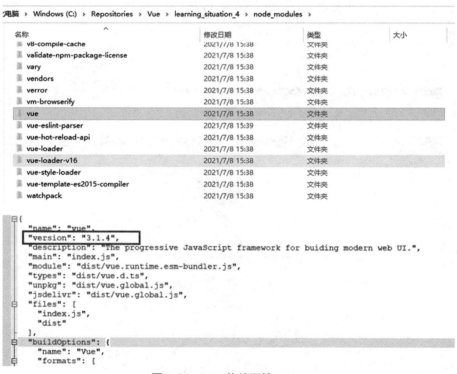

图 1-53 learning_situation_4 项目文件夹

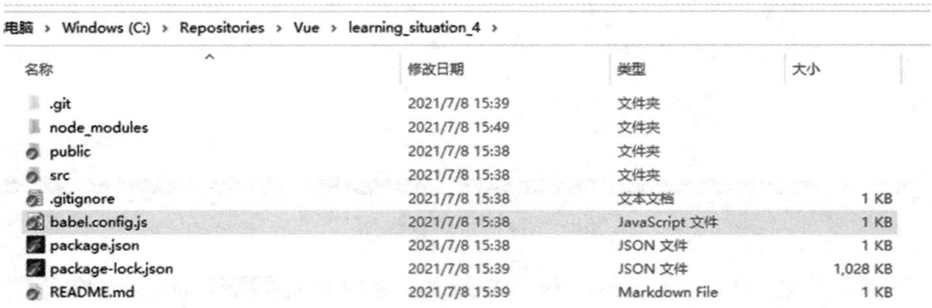

图 1-54 learning_situation_4 项目文件目录

在项目 learning_situation_4 中，已自动引入依赖环境 Vue 3、babel、ESLint 等内容，关于 SPA 单页面内容开发，可以直接在项目中进行，无须额外导入响应环境。所有依赖环境包均存在于 node_modules，对应包所在如图 1-55～图 1-57 所示。

图 1-55 Vue 依赖环境：Vue

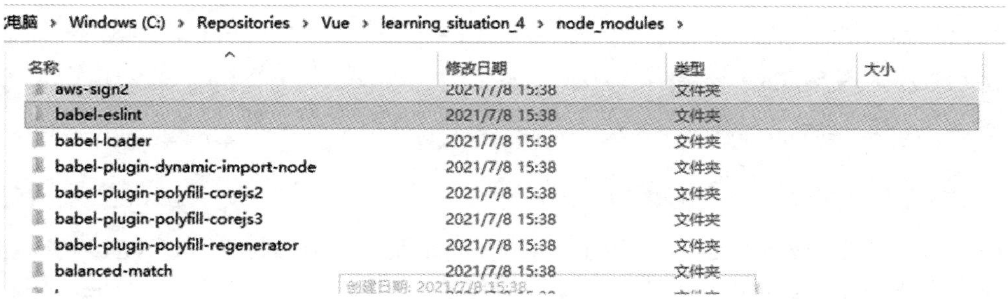

图 1-56 Vue 依赖环境：babel

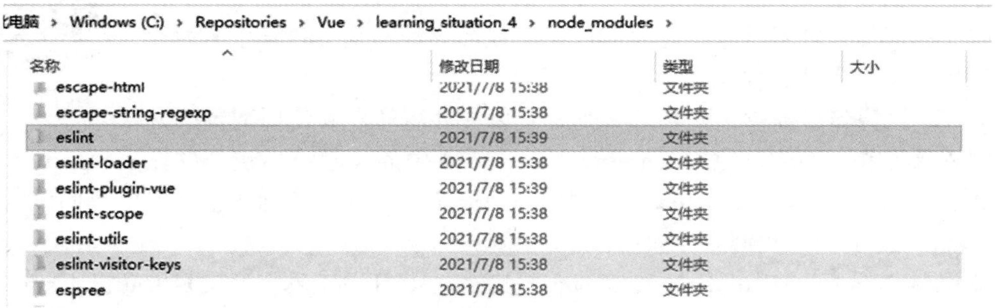

图 1-57 Vue 依赖插件包：ESLint

项目构建之初，也已经生成好了 SPA 入口界面，文件位于 public/index.html，并在系统入口文件 src/main.js 中调用了 Vue 包中的函数 createApp()，将 App.vue 组件对象渲染并挂载在 index.html 中选择器为"#app"的标签上。

index.html 代码如下：

```html
<!DOCTYPE html>
<html lang="">
  <head>
    <meta charset="utf-8">
    <meta http-equiv="X-UA-Compatible" content="IE=edge">
    <meta name="viewport" content="width=device-width,initial-scale=1.0">
    <link rel="icon" href="<%= BASE_URL %>favicon.ico">
    <title><%= htmlWebpackPlugin.options.title %></title>
  </head>
  <body>
    <noscript>
      <strong>We're sorry but <%= htmlWebpackPlugin.options.title %> doesn't
work properly without JavaScript enabled. Please enable it to continue.</strong>
    </noscript>
    <div id="app"></div>
    <!-- built files will be auto injected -->
  </body>
</html>
```

main.js 代码如下：

```
import { createApp } from 'vue'
import App from './App.vue'

createApp(App).mount('#app')
```

在 Vue 的函数 createApp()中使用了 Vue Render 服务器渲染技术，将 Vue 组件 App 以标签的形式渲染并挂载到选择器为"#app"的标签上。

3. 界面设计

本次的界面设计目标是构建全局底部版权部分，实现"齐家乐·智慧医养资源门户"底部版权信息展示。

Footer

Vue 项目构建后提供了配套工具来开发单文件组件，并使用配置的方式镶嵌入项目和页面中，比如 learning_situation_4 中的 src/App.vue，并在 src/main.js 中引入并通过"mount"挂载于 index.html 中 selector 为"#app"的标签上，所以我们可以直接在 src/App.vue 中构建我们的界面设计。

使用 WebStorm、HBuilderX、VSCode 或其他 Web 开发工具打开项目 learning_situation_4，打开 src/App.vue，App.vue 的文档结构如图 1-58 所示。

图 1-58　App.vue 文档结构

在项目构建之初，App.vue 中引入了自定义组件 HelloWorld.vue，并以标签"<HelloWorld>"的形式将组件渲染的页面插入了页面中。本次操作也是构建一个单文件组件，内部渲染项目的全局底部版权视图，并嵌入首页中显示。

（1）自定义组件 Footer

参照 HelloWorld 构造形式，自定义组件 Footer。

在 src/components 下创建 Footer.vue（以模板方式创建）。效果如图 1-59 所示。

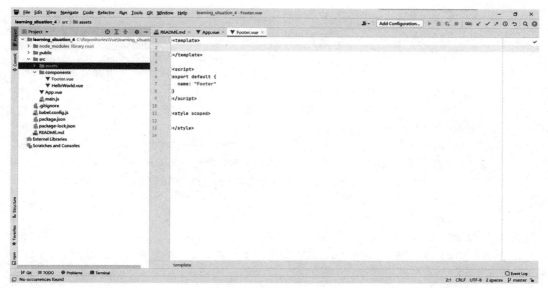

图 1-59 创建 Footer.vue

根据文档结构要求和界面内容要求，我们可以将底部导航拆分为 5 列，包括图标、服务查询列表、合作机构列表、网站声明和联系方式列表，可以使用 div 包裹分块，再使用 ul 或 ol 进行列表展示，在 template 中添加页面初始结构。

```html
<template>
  <div class="footer">
    <div class="footer-content">
      <div class="footer-first">
      <div class="bottom-left">
        <img src="../assets/image/logo.png" alt=""></div>
      <div class="bottom-center1">
        <ul>
          <li class="active">网站服务</li>
          <li class="colors">机构查询</li>
          <li class="colors">服务查询</li>
        </ul>
      </div>
      <div class="bottom-center2">
        <ul>
          <li class="active">加盟合作</li>
          <li class="colors">机构入驻</li>
          <li class="colors">机构登录</li>
        </ul>
      </div>
      <div class="bottom-center3">
        <ul>
          <li class="active">在线帮助</li>
```

```
        <li class="colors">意见反馈</li>
        <li class="colors">网站声明</li>
      </ul>
    </div>
    <div class="bottom-right">
      <img src="../assets/image/phone.png" alt="">
      <div class="phone-right">
        <div class="phone-first">400 6060 215</div>
        <div class="phone-second">咨询养老顾问</div>
        <div class="phone-third">周一至周五 9:00-18:00</div>
      </div>
    </div>
  </div>
  <div class="footer-second">Copyright © 2021 All Rights Reserved 四川华
迪信息技术有限公司
        蜀 ICP 备 12451254788 号
  </div>
    </div>
  </div>
</template>
```

因本模块为静态页面，所以不需要在 script 中添加数据模块和计算模块。style 样式表使用全局样式即可，下一步将添加全局样式内容。

（2）在 App.vue 中引入组件并使用

参照 HelloWorld 组件的使用方式，需要先在 script 中引入并声明：

```
<script>
import Footer from "./components/Footer";

export default {
  name: 'App',
  components: {
    Footer
  }
}
</script>
```

然后在需要显示的地方像标签一样使用：

```
<template>
  <div id="app">
    <Footer/>
  </div>
</template>
```

（3）引入全局样式

在界面结构和数据无误的情况下，添加样式表数据，统一整体风格。

将全局样式文件 css/app.82e59ecb23bb65bef6f70f3222ee7127.css 放入 public 下，效果如图 1-60 所示。

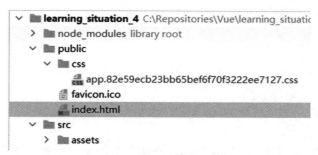

图 1-60　导入静态资源

可以在 public/index.html 中引入全局外部资源：

```
<link rel="stylesheet" href="./css/app.82e59ecb23bb65bef6f70f3222ee7127.css">
```

可以在 App.vue 的 style 中设置局部样式：

```
<style>
#app {
  font-family: Avenir, Helvetica, Arial, sans-serif;
  -webkit-font-smoothing: antialiased;
  -moz-osx-font-smoothing: grayscale;
  text-align: center;
  color: #2c3e50;
}
</style>
```

效果如图 1-61 所示。

图 1-61　全局底部版权效果图

工作实施

按照制订的最佳方案实施计划进行项目开发，填充相应的工作流程内容。

评价反馈

各自完成学习情境的开发并展示作品，介绍任务的完成过程，作品展示前应准备阐述材料，并完成评价。

1. 学生进行自我评价（见表 1-22）。

表 1-22　学生自评表

班级：　　　　　　　　　姓名：　　　　　　　　　学号：

学习情境	使用 Vue ui 构建 Vue 3.x 项目		
评价项目	评价标准	分值	得分
方案制订	能根据技术能力快速、准确地制订工作方案	10	
环境准备	能正确、熟练地使用 npm 管理依赖环境	20	
项目构建	能正确、熟练地使用 Vue ui 构建 Vue 项目	15	
响应式开发	能根据方案正确、熟练地进行响应式网页开发	25	
项目开发能力	根据项目开发进度及应用状态评定开发能力	15	
工作质量	根据项目开发过程及成果评定工作质量	15	
合计		100	

2. 学生展示过程中，以个人为单位，对以上学习情境过程与结果进行互评（见表 1-23）。

表 1-23　学生互评表

学习情境		使用 Vue ui 构建 Vue 3.x 项目										
评价项目	分值	等级							评价对象			
									1	2	3	4
计划合理	10	优	10	良	9	中	8	差	6			
方案准确	10	优	10	良	9	中	8	差	6			
工作质量	20	优	20	良	18	中	15	差	12			
工作效率	15	优	15	良	13	中	11	差	9			
工作完整	10	优	10	良	9	中	8	差	6			
工作规范	10	优	10	良	9	中	8	差	6			
识读报告	10	优	10	良	9	中	8	差	6			
成果展示	15	优	15	良	13	中	11	差	9			
合计	100											

3. 教师对学生工作过程和工作结果进行评价（见表 1-24）。

表 1-24　教师综合评价表

班级：　　　　　　　　　　姓名：　　　　　　　　　　学号：

学习情境		使用 Vue ui 构建 Vue 3.x 项目		
评价项目		评价标准	分值	得分
考勤（20%）		无无故迟到、早退、旷课现象	20	
工作过程（50%）	方案制订	能根据技术能力快速、准确地制订工作方案	5	
	环境准备	能正确、熟练地使用 npm 管理依赖环境	10	
	项目构建	能正确、熟练地使用 Vue ui 构建 Vue 项目	5	
	响应式开发	能根据方案正确、熟练地进行响应式网页开发	20	
	工作态度	态度端正，工作认真、主动	5	
	职业素质	能做到安全、文明、合法，爱护环境	5	
项目成果（30%）	工作完整	能按时完成任务	5	
	工作质量	能按计划完成工作任务	15	
	识读报告	能正确识读并准备成果展示各项报告材料	5	
	成果展示	能准确表达、汇报工作成果	5	
合计			100	

拓展思考

1. Vue ui 如何手动配置项目？
2. Vue ui 如何添加依赖环境？
3. Vue ui 如何添加插件？
4. Vue ui 和 Vue create 构建的项目有何不同？

单元 2　Vue 网页设计

在互联网高速发展的今天，网络已成为人们生活的一部分，成为人们获取信息资源的重要途径。信息的呈现离不开网页这个重要的界面，网页的主要作用是将用户需要的信息与资源采用一定的手段进行组织，通过网络呈现给用户。

概述

在进行网站制作前，首先要进行网站页面的整体设计。一个网站是由若干个网页构成的，网页是用户访问网站的界面。因此，通常意义上的网站设计，即指网站中各个页面的设计。而网页设计中，最先提到的就是网页的布局。布局是否合理、美观，将直接影响到用户的阅读体验及访问时间。

一个完整的 Web 前端项目是由一组或多组基础网页构建而成的，而 Vue 单页面项目开发的基础就是路由对应的单网页设计。

教学导航	知识重点	1.用基础指令构建表单页面。 2.渲染指令的使用。 3.计算属性与过滤器。
	知识难点	1.常用指令v-if、v-for、v-on、v-bind、v-model的使用。 2.计算属性的使用。
	推荐教学方式	从任务入手，通过完成"使用v-model构建智慧医养注册页面""使用渲染指令构建智慧医养首页""使用computed计算健康设备购物车数据"三个案例的实施过程，掌握Vue网页的基本设计和指令、计算属性、侦听器、过滤器等知识。
	建议学时	12学时。
	推荐学习方法	结合实际案例应用，通过案例的实施过程，理解并灵活运用Vue网页设计的基本过程。
	必须掌握的理论知识	Vue网页的基本设计和指令、计算属性、侦听器、过滤器。
	必须掌握的技能	1.常用指令的使用。 2.计算属性的使用。 3.渲染指令的使用。

学习情境 2.1　使用 v–model 构建智慧医养注册页面

学习情境描述

1. 教学情境描述：通过介绍及讲述 Vue 框架的基础模板语法、表单输入绑定、基本指令、事件绑定、修饰符、侦听器等技术要点与案例应用，演练并掌握使用 v-model 等基础指令进行表单类页面构建、数据绑定与事件绑定等操作的网页设计。

2. 关键知识点：基础模板语法、表单输入绑定、基本指令、事件绑定、修饰符、侦听器。

3. 关键技能点：表单输入绑定、事件绑定、侦听器。

学习目标

1. 理解 Vue 模板语法原理及构造方式。
2. 掌握 Vue 表单输入绑定原理及使用。
3. 掌握 Vue 常用指令、事件绑定和修饰符的使用。
4. 掌握 Vue 中侦听器的原理及使用。
5. 能根据实际网页设计需求，构建动态表单类网页设计。

任 务 书

1. 完成通过 Vue CLI 构建 Vue 项目。
2. 完成通过 data 构建数据源。
3. 完成通过 v-model 操作表单输入绑定。
4. 完成通过 v-on 绑定事件。
5. 完成通过 methods 构建响应事件。
6. 完成通过侦听器监听数据实时变化。
7. 完成通过 Vue 实现动态表单类网页设计。

获取信息

引导问题 1：Vue 模板的语法有哪些？

_____

_____

引导问题 2：Vue 的表单输入绑定原理是什么？如何实现表单输入绑定？

_____

_____

_____

引导问题 3：Vue 的基本指令有哪些？分别是什么作用？

_____

_____

_____

引导问题 4：Vue 的事件绑定原理是什么？如何实现事件绑定？

_____

_____

引导问题 5：什么是侦听器？侦听器的原理是什么？侦听器的使用场景和使用方式是什么？

_____

_____

_____

引导问题 6：如何使用 Vue 实现动态表单类网页设计？

1. Vue 实现动态表单类网页设计需要用到哪些技术？

_____

_____

2. 如何使用 Vue 实现动态表单类网页设计？

_____

_____

_____

工作计划

1. 制订工作方案（见表 2-1）。

根据获取的信息进行方案预演，选定目标，明确执行过程。

表 2-1　工作方案

步骤	工作内容
1	
2	
3	
4	

2. 写出此工作方案执行的动态表单网页设计原理。

_____

_____

_____

3. 列出工具清单（见表 2-2）。

列举出本次实施方案中所需要用到的软件工具。

表 2-2　工具清单

序号	名称	版本	备注

4. 列出技术清单（见表 2-3）。

列举出本次实施方案中所需要用到的软件技术。

表 2-3　技术清单

序号	名称	版本	备注

进行决策

1. 根据引导、构思、计划等，各自阐述自己的设计方案。
2. 对其他人的设计方案提出自己不同的看法。
3. 教师结合大家完成的情况进行点评，选出最佳方案，并写出最佳方案。

_____

_____

_____

知识准备

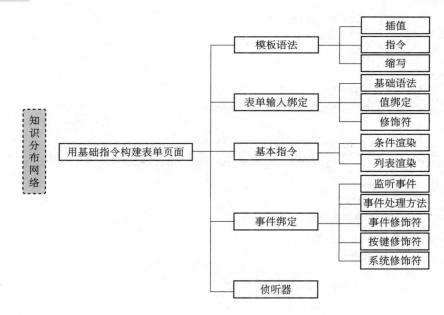

2.1.1　模板语法

模板语法

Vue.js 使用了基于 HTML 的模板语法，允许开发者声明式地将 DOM 绑定至底层 Vue 实例的数据。所有 Vue.js 的模板都是合法的 HTML，所以能被遵循规范的浏览器和 HTML 解析器解析。

在底层的实现上，Vue 将模板编译成虚拟 DOM 渲染函数。结合响应系统，Vue 能够智能地计算出最少需要重新渲染多少组件，并把 DOM 操作次数减到最少。

如果熟悉虚拟 DOM 并且偏爱 JavaScript 的写法方式，也可以不用模板，直接写渲染（render）函数，使用可选的 JSX 语法。

Vue 的模板语法可分为三大类，分别是插值、指令、缩写，以下做具体介绍。

1. 插值

所谓插值，即直接将模板中的数据对应存放于使用插值指令的位置，等同于占位符替换。插值使用场景有以下 4 种，分别是：Text、HTML、Attribute、JavaScript 表达式。

（1）Text

数据绑定最常见的形式就是使用"Mustache"语法（双大括号）的文本插值，语法如下：

```
{{ msg }}
```

Mustache 标签将会被替代为对应数据对象上 msg property 的值。无论何时，只要绑定的数据对象上 msg property 的值发生了改变，插值处的内容都会更新。

例 2-1：为 span 标签插入提示性文本内容 Message，并根据插入值的变化更新界面内容。

```
<!DOCTYPE html>
<html>
    <head>
        <meta charset="utf-8">
        <title>例 2-1</title>
    </head>
    <body>
        <div id="app">
            <span>Message:{{msg}}</span>
        </div>
        <!-- 导入 Vue.js -->
        <script src="https://cdn.jsdelivr.net/npm/vue@2.6.14/dist/vue.js">
</script>
        <script>
            var app = new Vue({
                el: '#app',
                data: {
                    msg: 'Mustache 模板语法'
                }
            })
        </script>
    </body>
</html>
```

效果如图 2-1 所示。

当我们在控制台变更 Vue 对象中的数据 msg 时，界面随之变更。变更数据及界面变更效果如图 2-2、图 2-3 所示。

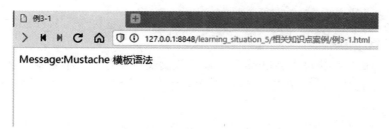

图 2-1　例 2-1 效果图

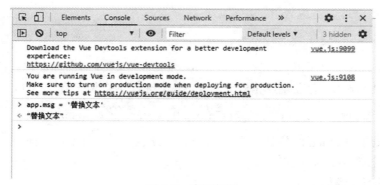

图 2-2　变更数据

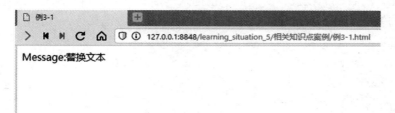

图 2-3　界面变更

通过使用 v-once 指令，也能执行一次性的插值，当数据改变时，插值处的内容不会更新。但请留心这会影响到该节点上的其他数据绑定：

```
<span v-once>这个将不会改变: {{ msg }}</span>
```

（2）HTML

双大括号会将数据解释为普通文本，而非 HTML 代码。为了输出真正的 HTML 代码，你需要使用 v-html 指令：

```
<p>Using mustaches: {{ rawHtml }}</p>
<p>Using v-html directive: <span v-html="rawHtml"></span></p>
```

当我们将 rawHtml 设置为以下数据时，界面效果如图 2-4 所示。

```
<span style="color: red">This should be red.</span>
```

Using mustaches: This should be red.
Using v-html directive: This should be red.

图 2-4　v-html 插值效果

这个 span 的内容将会被替换成 property 值 rawHtml，直接作为 HTML，也会忽略解析 property 值中的数据绑定。

需要注意的是，不能使用 v-html 来复合局部模板，因为 Vue 不是基于字符串的模板引擎的。反之，对于用户界面（UI），组件更适合作为可重用和可组合的基本单位。

（3）Attribute

Mustache 语法不能作用在 HTML Attribute 上。比如遇到以下情况：我们想为 div 动态绑定 id，则往往只能使用 JS 脚本或框架的模板语法动态加载。Vue 本身拥有模板语法，可以使用 v-bind 指令达到对应效果，代码如下：

```
<div v-bind:id="dynamicId"></div>
```

界面渲染的 div 会根据 Vue 模板数据 dynamicId 的值进行动态绑定。

对于布尔 Attribute（存在就意味着值为 true），v-bind 工作起来略有不同，在这个例子中：

```
<button v-bind:disabled="isButtonDisabled">Button</button>
```

如果 isButtonDisabled 的值是 null、undefined 或 false，则 disabled attribute 甚至不会被包含在渲染出来的<button>元素中。

（4）JavaScript 表达式

迄今为止，在我们的模板中，我们一直都只绑定简单的 property 键值。但实际上，对于所有数据的绑定，Vue.js 都提供了完全的 JavaScript 表达式支持。比如：

```
<!-- 输出值 + 1 -->
{{ number + 1 }}
<!-- 三元运算符 -->
{{ ok ? 'YES' : 'NO' }}
<!-- 将字段反序输出 -->
{{ message.split('').reverse().join('')}}
<!-- 动态绑定 div 的 id 属性,并指定前缀为 list- -->
<div v-bind:id="'list-' + id"></div>
```

这些表达式会在所属 Vue 实例的数据作用域下作为 JavaScript 被解析。

但是需要注意，此处有个限制，每个绑定都只能包含单个表达式，所以下面的例子都不会生效：

```
<!-- 这是语句,不是表达式 -->
{{ var a = 1 }}

<!-- 流控制也不会生效,请使用三元表达式 -->
{{ if(ok){ return message } }}
```

2. 指令

指令（Directives）是带有 v-前缀的特殊 Attribute。指令 Attribute 的值预期是单个 JavaScript 表达式（v-for 是例外情况）。

指令的职责是：当表达式的值改变时，将其产生的连带影响响应式地作用于 DOM。

查看以下语句：

```
<p v-if="seen">现在你看到我了</p>
```

v-if 是一个指令，并且会根据该指令的值决定是否在 DOM 中渲染此节点。

这里，v-if 指令将根据表达式 seen 值的真假来插入/移除<p>元素。

（1）参数

一些指令能够接收一个"参数"，在指令名称之后以冒号表示。

例如，v-bind 指令可以用于响应式地更新 HTML Attribute：

```
<a v-bind:href="url">...</a>
```

在这里 href 是参数，告知 v-bind 指令将该元素的 href attribute 与表达式 URL 的值绑定。

另一个例子是 v-on 指令，它用于监听 DOM 事件：

```
<a v-on:click="doSomething">...</a>
```

在这里参数是监听的事件名，会在<a>标签被单击时触发名称为 doSomething 的事件函数。

（2）动态参数

从 2.6.0 开始，可以用方括号括起来的 JavaScript 表达式作为一个指令的参数，例如：

```
<!--
注意,参数表达式的写法存在一些约束,如之后的"对动态参数表达式的约束"所述。
-->
<a v-bind:[attributeName]="url"> ... </a>
```

这里的 attributeName 会被作为一个 JavaScript 表达式进行动态求值，求得的值将会被作为最终的参数来使用。例如，如果你的 Vue 实例有一个 data property attributeName，其值为"href"，那么这个绑定将等价于 v-bind:href。

同样地，你可以使用动态参数为一个动态的事件名绑定处理函数，例如：

```
<a v-on:[eventName]="doSomething"> ... </a>
```

在这个示例中，当 eventName 的值为 focus 时，v-on:[eventName] 将等价于 v-on:focus。

● 对动态参数值的约束。动态参数预期会求出一个字符串，异常情况下值为 null。这个特殊的 null 值可以被显性地用于移除绑定。任何其他非字符串类型的值都将会触发一个警告。

● 对动态参数表达式的约束。动态参数表达式有一些语法约束，因为某些字符，如空格和引号，放在 HTML Attribute 名里是无效的。例如：

```
<!-- 这会触发一个编译警告 -->
<a v-bind:['foo' + bar]="value"> ... </a>
```

变通的办法是使用没有空格或引号的表达式，或用计算属性替代这种复杂表达式。

在 DOM 中使用模板时（直接在一个 HTML 文件里撰写模板），还需要避免使用大写字符来命名键名，因为浏览器会把 Attribute 名全部强制转为小写：

```
<!--
在 DOM 中使用模板时这段代码会被转换为 `v-bind:[someattr]`。
除非在实例中有一个名为"someattr"的 property,否则代码不会工作。
-->
<a v-bind:[someAttr]="value"> ... </a>
```

（3）修饰符

修饰符（Modifier）是以半角句号"."指明的特殊后缀,用于指出一个指令应该以特殊方式绑定。例如,".prevent"修饰符告诉 v-on 指令对于触发的事件调用 event.preventDefault():

```
<form v-on:submit.prevent="onSubmit">...</form>
```

更多的修饰符会在事件处理中做详细介绍。

3. 缩写

v-前缀作为一种视觉提示,用来识别模板中 Vue 特定的 Attribute。当你在使用 Vue.js 为现有标签添加动态行为（Dynamic Behavior）时,v-前缀很有帮助,然而,对于一些频繁用到的指令来说,就会感到使用起来很烦琐。同时,在构建由 Vue 管理所有模板的单页面应用程序（SPA-single Page Application）时,v-前缀也变得没那么重要了。因此,Vue 为 v-bind 和 v-on 这两个最常用的指令提供了特定简写。

（1）v-bind 缩写

v-bind 特定简写成":",例如:

```
<!-- 完整语法 -->
<a v-bind:href="url">...</a>

<!-- 缩写 -->
<a :href="url">...</a>

<!-- 动态参数的缩写(2.6.0+)-->
<a :[key]="url"> ... </a>
```

（2）v-on 缩写

v-on 特定简写成"@",例如:

```
<!-- 完整语法 -->
<a v-on:click="doSomething">...</a>

<!-- 缩写 -->
<a @click="doSomething">...</a>

<!-- 动态参数的缩写(2.6.0+)-->
<a @[event]="doSomething"> ... </a>
```

它们看起来可能与普通的 HTML 略有不同,但":"与"@"对于 Attribute 名来说都是合法字符,在所有支持 Vue 的浏览器中都能被正确地解析。而且,它们不会出现在最终渲染的标记中。缩写语法是完全可选的。

2.1.2　表单输入绑定

表单值绑定

1. 基础用法

可以用 v-model 指令在表单<input><textarea>及<select>元素上创建双
向数据绑定。它会根据控件类型自动选取正确的方法来更新元素。

v-model 负责监听用户的输入事件以更新数据，并对一些极端场景进行一些特殊处理。

需要注意的是，v-model 会忽略所有表单元素的 value、checked、selected 属性的初始
值，而总是将 Vue 实例的数据作为数据来源。我们应该通过 JavaScript 在组件的 data 选项
中声明初始值。

v-model 在内部为不同的输入元素使用不同的属性并抛出不同的事件：

● text 和 textarea 元素使用 value 属性和 input 事件。

● checkbox 和 radio 元素使用 checked 属性和 change 事件。

● select 字段将 value 作为 prop 并将 change 作为事件。

（1）文本

表单文本输入框绑定可以直接使用 v-model 指令并设置其参数，text 会自动和 value 属
性及 input 事件绑定输入输出。

例 2-2：构建一个文本输入框，绑定动态参数，并将输入框所输入数据实时以文本展示。

```
<!DOCTYPE html>
<html>
    <head>
        <meta charset="utf-8">
        <title>例 2-2</title>
    </head>
    <body>
        <div id="app">
            <input v-model="message" placeholder="edit me">
            <p>Message is: {{ message }}</p>
        </div>
        <script src="https://cdn.jsdelivr.net/npm/vue@2.6.14/dist/vue.js">
</script>
        <script>
            var app = new Vue({
                el: '#app',
                data: {
                    message: ''
                }
            })
        </script>
```

```
    </body>
</html>
```

效果如图 2-5 所示。

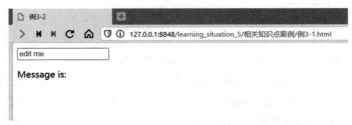

图 2-5　例 2-2 效果图

当在输入框中输入任意内容时，后续<p>标签内文本随之变化。效果如图 2-6 所示。

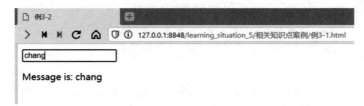

图 2-6　数据绑定效果图

（2）多行文本

多行文本输入绑定和文本框输入绑定类似。

例 2-3：构建一个多行文本输入框，并绑定动态参数，将输入框所输入数据实时以文本展示。

```
<!DOCTYPE html>
<html>
    <head>
        <meta charset="utf-8">
        <title>例 2-3</title>
    </head>
    <body>
        <div id="app">
            <textarea v-model="message" placeholder="add multiple lines">
</textarea>
            <br>
            <span>Multiline message is:</span>
            <p style="white-space: pre-line;">{{ message }}</p>
        </div>
        <script src="https://cdn.jsdelivr.net/npm/vue@2.6.14/dist/vue.js">
</script>
        <script>
            var app = new Vue({
```

```
                el: '#app',
                data: {
                    message: ''
                }
            })
        </script>
    </body>
</html>
```

效果如图 2-7 所示。

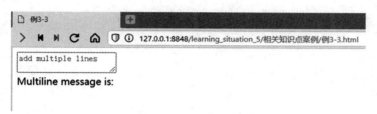

图 2-7 例 2-3 效果图

当在输入框中输入任意内容时，后续<p>标签内文本随之变化。效果如图 2-8 所示。

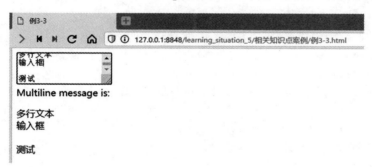

图 2-8 数据绑定效果图

（3）复选框

单个复选框绑定到布尔值，例如：

```
<input type="checkbox" id="checkbox" v-model="checked">
<label for="checkbox">{{ checked }}</label>
```

在 data 中定义字段 checked。

未选中效果如图 2-9 所示，选中效果如图 2-10 所示。

图 2-9 复选框未选中效果图

图 2-10　复选框选中效果图

多个复选框可以将参数绑定到同一个数组。

例 2-4：构建一组运动爱好复选框，根据选择的爱好，将选中数据输出。

```html
<!DOCTYPE html>
<html>
    <head>
        <meta charset="utf-8">
        <title>例 2-4</title>
    </head>
    <body>
        <div id="app">
            <input type="checkbox" id="football" value="football" v-model=
"checkedHobbies">
            <label for="jack">football</label>
            <input type="checkbox" id="basketball" value="basketball" v-
model="checkedHobbies">
            <label for="john">basketball</label>
            <input type="checkbox" id="pingpang" value="pingpang" v-model=
"checkedHobbies">
            <label for="mike">pingpang</label>
            <input type="checkbox" id="badminton" value="badminton" v-model=
"checkedHobbies">
            <label for="mike">badminton</label>
            <br>
            <span>Checked Hobbies: {{ checkedHobbies }}</span>
        </div>
        <script src="https://cdn.jsdelivr.net/npm/vue@2.6.14/dist/vue.js">
</script>
        <script>
            var app = new Vue({
                el: '#app',
                data: {
                    checkedHobbies: []
                }
            })
        </script>
    </body>
</html>
```

效果如图 2-11 所示。

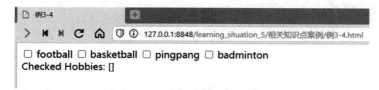

图 2-11　例 2-4 效果图

当选中复选框组的任意内容时，后续<span>标签内文本随之变化。效果如图 2-12 所示。

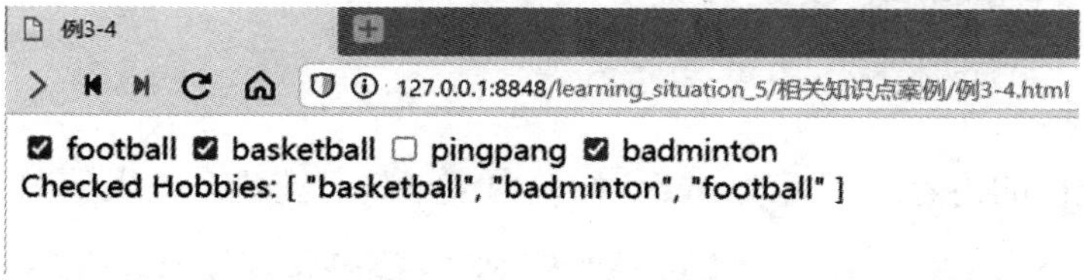

图 2-12　选中数据组效果图

（4）单选按钮

单选按钮可以将参数绑定到单个值。

例 2-5：构建一组性别选择框，根据选择的性别，将选中数据输出。

```
<!DOCTYPE html>
<html>
    <head>
        <meta charset="utf-8">
        <title>例 2-5</title>
    </head>
    <body>
        <div id="app">
            <input type="radio" id="male" value="male" v-model="gender">
            <label for="male">male</label>
            <br>
            <input type="radio" id="female" value="female" v-model="gender">
            <label for="female">female</label>
            <br>
            <span>Gender: {{ gender }}</span>
        </div>
        <script src="https://cdn.jsdelivr.net/npm/vue@2.6.14/dist/vue.js">
</script>
        <script>
            var app = new Vue({
                el: '#app',
                data: {
                    gender: ''
                }
```

```
        })
    </script>
    </body>
</html>
```

效果如图 2-13 所示。

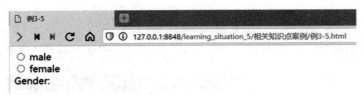

图 2-13　例 2-5 效果图

当选中单选框的内容时，后续<span>标签内文本随之变化。效果如图 2-14 所示。

图 2-14　选中单选框效果图

（5）选择框

选择框的操作和复选框类似。单选时可以直接绑定到单个值；多选时可以将数据绑定到一个数组。

例 2-6：分别提供单选和多选选择框，并将各自选择的数据输出在后续文本中。

```
<!DOCTYPE html>
<html>
    <head>
        <meta charset="utf-8">
        <title>例 2-6</title>
    </head>
    <body>
        <div id="app">
            <select v-model="select">
                <option disabled value="">请选择</option>
                <option>A</option>
                <option>B</option>
                <option>C</option>
            </select>
            <br>
            <span>Select: {{ select }}</span>

            <br><br>
```

```
        <select v-model="selects" multiple style="width: 50px;">
            <option>A</option>
            <option>B</option>
            <option>C</option>
        </select>
        <br>
        <span>Selects: {{ selects }}</span>
    </div>
    <script src="https://cdn.jsdelivr.net/npm/vue@2.6.14/dist/vue.js">
</script>
    <script>
        var app = new Vue({
            el: '#app',
            data: {
                select: '',
                selects: []
            }
        })
    </script>
    </body>
</html>
```

效果如图 2-15 所示。

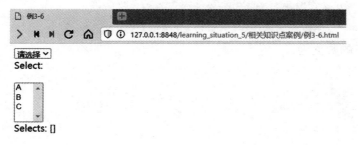

图 2-15 例 2-6 效果图

当选中选择框的内容时,后续<span>标签内文本随之变化。效果如图 2-16 所示。

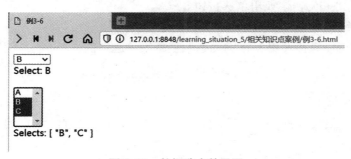

图 2-16 数据选中效果图

2. 值绑定

对于单选按钮、复选框及选择框的选项,v-model 绑定的值通常是静态字符串(对于复选框也可以是布尔值)。例如:

```
<!-- 当选中时,`picked` 为字符串 "a" -->
<input type="radio" v-model="picked" value="a">

<!-- `toggle` 为 true 或 false -->
<input type="checkbox" v-model="toggle">

<!-- 当选中第一个选项时,`selected` 为字符串 "abc" -->
<select v-model="selected">
  <option value="abc">ABC</option>
</select>
```

但是有时我们可能想把值绑定到 Vue 实例的一个动态属性上,这时可以用 v-bind 实现,并且这个 property 的值可以不是字符串。

(1)复选框

替换选中与未选中的数据,例如:

```
<input
  type="checkbox"
  v-model="toggle"
  true-value="yes"
  false-value="no"
>
```

不同状态下的数据为:

```
// 当选中时
vm.toggle === 'yes'
// 当没有选中时
vm.toggle === 'no'
```

这里的 true-value 和 false-value 属性并不会影响输入控件的 value 属性,因为浏览器在提交表单时并不会包含未被选中的复选框。如果要确保表单中这两个值中的一个能够被提交(即"yes"或"no"),请换用单选按钮。

(2)单选按钮

使用 v-bind 可以直接使用 Vue 的动态数据替换单选项的 value 值。例如:

```
<input type="radio" v-model="pick" v-bind:value="a">
```

当此选项选中时:

```
vm.pick === vm.a
```

（3）选择框的选项

使用 v-bind 可以直接使用 Vue 的动态数据替换单选项的 value 值。例如：

```
<select v-model="selected">
  <!-- 内联对象字面量 -->
  <option v-bind:value="{ number: 123 }">123</option>
</select>
```

当此选项选中时：

```
typeof vm.selected // => 'object'
vm.selected.number // => 123
```

3. 修饰符

（1）.lazy

在默认情况下，v-model 在每次 input 事件触发后将会把输入框中的值与数据进行同步。我们可以添加 lazy 修饰符，从而转为在 change 事件之后进行同步，例如：

```
<!-- 在"change"时而非"input"时更新 -->
<input v-model.lazy="msg">
```

（2）.number

如果要自动将用户的输入值转为数值类型，可以给 v-model 添加 number 修饰符，例如：

```
<input v-model.number="age" type="number">
```

这通常很有用，因为即使在 type="number"时，HTML 输入元素的值也总会返回字符串。如果这个值无法被 parseFloat()解析，则会返回原始的值。

（3）.trim

如果要自动过滤用户输入的首尾空白字符，可以给 v-model 添加 trim 修饰符，例如：

```
<input v-model.trim="msg">
```

2.1.3　基本指令

基本指令

Vue.js 的常用基本指令如下。

- v-text：更新元素的 textContent。
- v-html：更新元素的 innerHTML。
- v-if：只有为 true 时，当前标签才会输出到页面。
- v-else：只有为 false 时，当前标签才会输出到页面。
- v-show：通过控制 display 样式来控制显示/隐藏。
- v-for：遍历数组/对象。
- v-on：绑定时间监听，简写为"@"。
- v-bind：强制绑定解析表达式，可以省略 v-bind，写成":"。
- v-model：双向数据绑定。
- ref：指定唯一标识，Vue 对象通过 $els 属性访问这个元素对象。

接下来重点介绍条件渲染（v-if、v-else、v-show）和列表渲染（v-for）。

1．条件渲染

（1）v-if

v-if 指令用于条件性地渲染一块内容。这块内容只会在指令的表达式返回 true 值的时候被渲染。

因为 v-if 是一个指令，所以必须将它添加到一个元素上。例如：

```
<h1 v-if="awesome">Vue is awesome!</h1>
```

可以使用 v-else 指令来表示 v-if 的"else 块"：

```
<div v-if="Math.random()> 0.5">
  Now you see me
</div>
<div v-else>
  Now you don't
</div>
```

v-else 元素必须紧跟在带 v-if 或者 v-else-if 的元素的后面，否则它将不会被识别。

v-else-if，顾名思义，充当 v-if 的"else-if 块"，可以连续使用。例如：

```
<div v-if="type === 'A'">
  A
</div>
<div v-else-if="type === 'B'">
  B
</div>
<div v-else-if="type === 'C'">
  C
</div>
<div v-else>
  Not A/B/C
</div>
```

类似于 v-else，v-else-if 也必须紧跟在带 v-if 或者 v-else-if 的元素之后。

（2）v-show

另一个用于根据条件展示元素选项的是 v-show 指令，用法大致一样，如下所示：

```
<h1 v-show="ok">Hello!</h1>
```

不同的是带有 v-show 的元素始终会被渲染并保留在 DOM 中。v-show 只是简单地切换元素的 CSS 属性中的 display。

（3）v-if 与 v-show

v-if 是"真正"的条件渲染，因为它会确保在切换过程中，条件块内的事件侦听器和子组件适当地被销毁和重建。

　　v-if 也是"惰性"的，如果在初始渲染时条件为假，则什么也不做，直到条件第一次变为真时，才会开始渲染条件块。

　　相比之下，v-show 就简单得多。不管初始条件是什么，元素总会被渲染，并且只是简单地基于 CSS 进行切换。

　　一般来说，v-if 有更高的切换开销，而 v-show 有更高的初始渲染开销。因此，如果需要非常频繁地切换，则使用 v-show 较好；如果在运行时条件很少改变，则使用 v-if 较好。

　　2. 列表渲染

　　（1）v-for 迭代数组

　　我们可以用 v-for 指令基于一个数组来渲染一个列表。v-for 指令需要使用 item in items 形式的特殊语法，其中 items 是源数据数组，而 item 则是被迭代的数组元素的别名。

　　在 v-for 块中，我们可以访问所有父作用域的 property。v-for 还支持一个可选的第二个参数，即当前项的索引。

　　例 2-7：使用 v-for 渲染数组中的列表数据，并分别展示有无序号的情况。

```
<!DOCTYPE html>
<html>
    <head>
        <meta charset="utf-8">
        <title>例 2-7</title>
    </head>
    <body>
        <div id="app">
            <ul id="example-1">
                <li v-for="item in items" :key="item.message">
                    {{ item.message }}
                </li>
            </ul>

            <br>

            <ul id="example-2">
                <li v-for="(item, index)in items" :key="index">
                    {{ index }} - {{ item.message }}
                </li>
            </ul>
        </div>
        <script src="https://cdn.jsdelivr.net/npm/vue@2.6.14/dist/vue.js">
</script>
        <script>
            var app = new Vue({
                el: '#app',
                data: {
```

```
            items: [{
                    message: 'Foo'
                },
                {
                    message: 'Bar'
                }
            ]
        }
    })
    </script>
    </body>
</html>
```

效果如图 2-17 所示。

图 2-17　例 2-7 效果图

也可以用 of 替代 in 作为分隔符，因为它更接近 JavaScript 迭代器的语法。例如：

```
<div v-for="item of items"></div>
```

（2）v-for 遍历对象

可以用 v-for 来遍历一个对象的 property。v-for 指令需要如下语法：

```
value in object
```

也可以提供第二个参数，为 property 名称（也就是键名），语法如下：

```
(value, name)in object
```

还可以用第三个参数作为索引，语法如下：

```
(value, name, index)in object
```

例 2-8：使用 v-for 遍历 object 对象，并将其索引、属性名称和属性值进行输出。

```
<!DOCTYPE html>
<html>
    <head>
        <meta charset="utf-8">
        <title>例 2-8</title>
```

```
    </head>
    <body>
        <div id="app">
            <ul id="v-for-object" class="demo">
                <li v-for="(value, name, index)in object" :key="index">
                    {{ index }}. {{ name }}: {{ value }}
                </li>
            </ul>
        </div>
        <script src="https://cdn.jsdelivr.net/npm/vue@2.6.14/dist/vue.js">
</script>
        <script>
            var app = new Vue({
                el: '#app',
                data: {
                    object: {
                        title: 'How to do lists in Vue',
                        author: 'Jane Doe',
                        publishedAt: '2016-04-10'
                    }
                }
            })
        </script>
    </body>
</html>
```

效果如图 2-18 所示。

图 2-18　例 2-8 效果图

（3）v-for 使用值

v-for 也可以接收整数。在这种情况下，它会把模板重复对应次数。

例如：

```
<div>
  <span v-for="n in 10">{{ n }} </span>
</div>
```

效果如图 2-19 所示。

12345678910

图 2-19　v-for 使用值效果图

（4）v-for 维护状态

当 Vue 正在更新使用 v-for 渲染的元素列表时，它默认使用"就地更新"的策略。如果数据项的顺序被改变，Vue 将不会移动 DOM 元素来匹配数据项的顺序，而是就地更新每个元素，并且确保它们在每个索引位置被正确渲染。

这个默认的模式是高效的，但是只适用于不依赖子组件状态或临时 DOM 状态的列表渲染输出。

为了给 Vue 一个提示，以便它能跟踪每个节点的身份，从而重用和重新排序现有元素，需要为每项提供一个唯一 key 属性。例如：

```
<div v-for="item in items" v-bind: key="item.id">
  <!-- 内容 -->
</div>
```

（5）数组更新检测

由于 JavaScript 的限制，Vue 不能检测数组和对象的变化，所以 Vue.js 提供了一系列变更方法去侦听数组的变更。

① 变更方法。Vue 将被侦听的数组的变更方法进行了包裹，所以它们也将会触发视图更新。这些被包裹过的方法包括：push()、pop()、shift()、unshift()、splice()、sort()、reverse()。

② 替换数组。变更方法，顾名思义，会变更调用了这些方法的原始数组。相比之下，也有非变更方法，如 filter()、concat()和 slice()。它们不会变更原始数组，而总是返回一个新数组。当使用非变更方法时，可以用新数组替换旧数组。例如：

```
<h1 v-if="awesome">Vue is awesome!</h1>
```

v-if 指令用于条件性地渲染一块内容。这块内容只会在指令的表达式返回 true 值的时候被渲染。

因为 v-if 是一个指令，所以必须将它添加到一个元素上。例如：

```
example1.items = example1.items.filter(function(item){
  return item.message.match(/Foo/)
})
```

2.1.4　事件绑定

1. 监听事件

可以用 v-on 指令监听 DOM 事件，并在触发时运行一些 JavaScript 代码。

例 2-9：添加按钮，并使用 v-on 监听单击事件，每单击一次单击次数加 1，并将单击次数进行文本输出。

监听事件

```
<div id="app">
    <button v-on:click="counter += 1">Add 1</button>
```

```
    <p>The button above has been clicked {{ counter }} times.</p>
</div>
<script>
    var app = new Vue({
        el: '#app',
        data: {
            counter: 0
        }
    })
</script>
```

单击按钮，触发事件，counter 值累加，效果如图 2-20、图 2-21 所示。

图 2-20 例 2-9 效果图

图 2-21 累加效果

2. 事件处理方法

许多事件处理逻辑会更为复杂，所以直接把 JavaScript 代码写在 v-on 指令中是不可行的。因此 v-on 还可以接收一个需要调用的方法名称。

除了直接绑定到一个方法，也可以在内联 JavaScript 语句中调用方法和传入参数。有时也需要在内联语句处理器中访问原始的 DOM 事件，可以用特殊变量 $event 作为参数传入。

例 2-10：添加按钮，并使用 v-on 为其绑定事件，在 Vue 中对事件方法进行定义，并在单击按钮时触发。

```
<div id="app">
    <!-- `greet` 是在下面定义的方法名 -->
    <button v-on:click="greet">Greet</button><br><br>

    <!-- say 是定义的方法名;'hi' 是方法接收的参数 -->
    <button v-on:click="say('hi')">Say hi</button>
    <button v-on:click="say('what')">Say what</button><br><br>

    <!-- warn 是定义的方法名;'Form cannot be submitted yet.'和 $event 是方法接
```

```
收的参数 -->
    <button v-on:click="warn('Form cannot be submitted yet.', $event)">
        Submit
    </button>
</div>
<script>
    var app = new Vue({
        el: '#app',
        data: {
            name: 'Vue.js'
        },
        // 在 `methods` 对象中定义方法
        methods: {
            greet: function(event){
                // `this` 在方法里指向当前 Vue 实例
                alert('Hello ' + this.name + '!')
                // `event` 是原生 DOM 事件
                if(event){
                    alert(event.target.tagName)
                }
            },
            // 设置传参
            say: function(message){
                alert(message)
            },
            // 传递普通参数和原始 DOM 事件对象
            warn: function(message, event){
                // 现在我们可以访问原生事件对象
                if(event){
                    event.preventDefault()
                }
                alert(message)
            }
        }
    })
</script>
```

原界面效果如图 2-22 所示。分别单击按钮，触发事件，效果如图 2-23～图 2-25 所示。

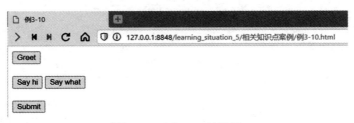

图 2-22　例 2-10 效果图

图 2-23　单击"Greet"按钮效果图

图 2-24　单击"Say hi"按钮效果图

图 2-25　单击"Submit"按钮效果图

3. 事件修饰符

在事件处理程序中调用 event.preventDefault()或 event.stopPropagation()是非常常见的需求。

为了解决这个问题，Vue.js 为 v-on 提供了事件修饰符。之前提过，修饰符是由点开头的指令后缀来表示的，主要包括.stop、.prevent、.capture、.self、.once、.passive。

下面对每种修饰符进行描述：

```html
<!-- 阻止单击事件继续传播 -->
<a v-on:click.stop="doThis"></a>

<!-- 提交事件不再重载页面 -->
<form v-on:submit.prevent="onSubmit"></form>

<!-- 修饰符可以串联 -->
<a v-on:click.stop.prevent="doThat"></a>

<!-- 只有修饰符 -->
<form v-on:submit.prevent></form>

<!-- 添加事件侦听器时使用事件捕获模式 -->
```

```
<!-- 即内部元素触发的事件先在此处理,然后才交由内部元素进行处理 -->
<div v-on:click.capture="doThis">...</div>

<!-- 只在 event.target 是当前元素自身时触发处理函数 -->
<!-- 即事件不是从内部元素触发的 -->
<div v-on:click.self="doThat">...</div>

<!-- 单击事件将只会触发一次 -->
<a v-on:click.once="doThis"></a>

<!-- 滚动事件的默认行为(即滚动行为)将会立即触发 -->
<!-- 而不会等待 `onScroll` 完成 -->
<!-- 这其中包含 `event.preventDefault()` 的情况 -->
<div v-on:scroll.passive="onScroll">...</div>
```

4. 按键修饰符

在监听键盘事件时,我们经常需要检查详细的按键。Vue 允许为 v-on 在监听键盘事件时添加按键修饰符。例如:

```
<!-- 只有在 `key` 是 `Enter` 时调用 `vm.submit()` -->
<input v-on:keyup.enter="submit">
```

可以直接将 KeyboardEvent.key 暴露的任意有效按键名转换为 kebab-case 来作为修饰符。例如:

```
<input v-on:keyup.page-down="onPageDown">
```

在上述示例中,处理函数只会在 $event.key 等于 PageDown 时被调用。
使用 keyCode attribute 也是允许的。例如:

```
<input v-on:keyup.13="submit">
```

为了在必要的情况下支持旧浏览器,Vue 提供了绝大多数常用的按键码的别名,如.enter、.tab、.delete(捕获"删除"和"退格"键)、.esc、.space、.up、.down、.left、.right。

5. 系统修饰符

可以用如下修饰符来实现仅在按下相应按键时才触发鼠标或键盘事件的侦听器:.ctrl、.alt、.shift、.meta、.exact、.left(鼠标左键)、.right(鼠标右键)、.middle(鼠标中键)。
下面对修饰符进行描述:

```
<!-- Alt + C -->
<input v-on:keyup.alt.67="clear">

<!-- Ctrl + Click -->
<div v-on:click.ctrl="doSomething">Do something</div>

<!-- .exact 修饰符允许你控制由精确的系统修饰符组合触发的事件 -->
```

```
<!-- 即使 Alt 或 Shift 被一同按下时也会触发 -->
<button v-on:click.ctrl="onClick">A</button>

<!-- 有且只有 Ctrl 被按下的时候才触发 -->
<button v-on:click.ctrl.exact="onCtrlClick">A</button>

<!-- 没有任何系统修饰符被按下的时候才触发 -->
<button v-on:click.exact="onClick">A</button>
```

2.1.5　侦听器

侦听器

侦听器是对 Vue 中计算属性的补充，虽然计算属性在大多数情况下更合适，但有时也需要一个自定义的侦听器。这就是为什么 Vue 通过 watch 选项提供了一个更通用的方法来响应数据的变化。当需要在数据变化时执行异步或开销较大的操作时，这个方式是最有用的。

例 2-11：使用 watch 监听文本输入框所输入的数据，并检查是否符合自定义规范。

```
<div id="app">
    <div class="mui-input-row">
        <label>请输入长度不超过 6 的字符:</label><br>
        <input type="text" placeholder="字符长度不能超过 6 哦!" v-model=
"message">
    </div><br>
    <span>输入的数据:"{{message}} ",{{message_alert}}</span>
</div>
<script>
    var app = new Vue({
        el: '#app',
        data: {
            message: '',
            message_alert: '符合规范'
        },
        watch: {
            message(newValue, oldValue){
                this.message_alert = this.message.length <= 6 ? '符合规范' : '
不符合规范'
            }
        },
    })
</script>
```

原界面效果如图 2-26 所示。在文本框中输入数据，当数据长度超过 6 时，会自动识别出输入数据不符合规范，效果如图 2-27 所示。

图 2-26　例 2-11 效果图

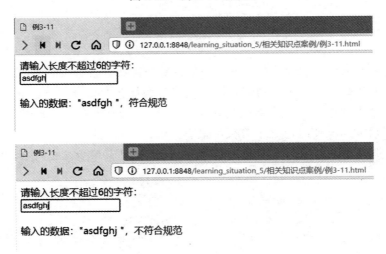

图 2-27　侦听数据是否符合规范

相关案例

　　按照本单元所涉及的知识面及知识点，作为下一步工作实施的参考案例，展示项目案例"使用 v-model 构建智慧医养注册页面"的实施过程。

注册界面

　　按照界面设计的实际项目开发过程，以下是项目从静态网页到 Vue 响应式网页构建的具体流程。

　　1．项目构建

　　使用 Vue CLI>=3 工具构建 Vue 项目，相关指令如下：

```
C:\Repositories\Vue>vue create learning_situation_5
```

　　构建成功后，使用 WebStorm 打开项目，项目结构如图 2-28 所示。

　　2．确定界面样式

　　在正式开始 Vue 响应式网页设计之前，我们需要明确我们的网页设计效果，并构建静态页面。

　　针对本次的界面设计目标，我们从"齐家乐·智慧医养大数据公共服务平台"网站中选择用户注册界面作为本次的界面设计目标。

　　"齐家乐·智慧医养大数据公共服务平台"的用户注册界面效果如图 2-29 所示。

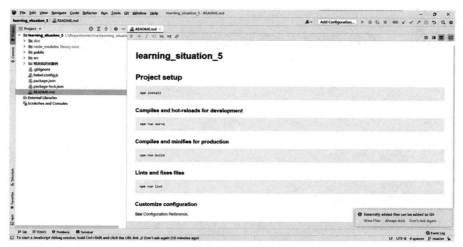

图 2-28　项目结构图

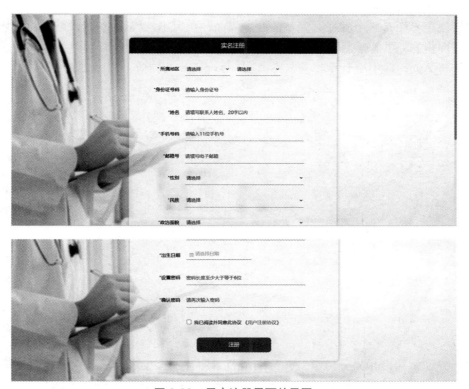

图 2-29　用户注册界面效果图

3. 构建静态网页

根据确定的目标界面样式，编辑构建静态 HTML，并绑定原网页样式。

为了剔除未涉及的数据通信和简化展示效果，本次构建的静态网页中的数据源均为本地静态数据。

（1）审查网页元素

获取网页结构，效果如图 2-30 所示。

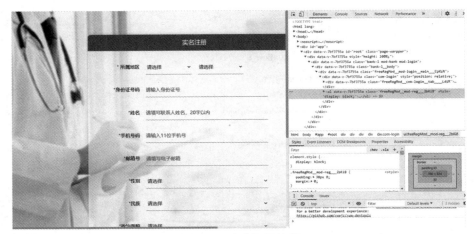

图 2-30　审查网页结构

（2）构建静态 HTML

用户注册界面是一个独立且完整的功能界面，所以本次操作直接在 App.vue 中嵌入用户注册界面内容，并在项目启动后自动渲染显示。

首先将 App.vue 中所有不相关内容清空，App.vue 结构效果如图 2-31 所示。

图 2-31　App.vue 结构

根据界面结构，预先分析结构，分别是背景图片和上层表单输入框。在表单输入框中从上往下分别需要使用 select、input、input、input、input、select、select、select、input、input、input、checkbox、a 标签构建静态表单页面的属性：所属地区、身份证号、姓名、手机号、邮箱号、性别、民族、政治面貌、出生日期、密码、确认密码、同意协议、注册按钮，以及本次页面中注册事件触发的 a 标签的单击事件，且所有的输入行风格和样式统一，所以使用 ul 列表进行替代，构建静态 HTML 代码到 template 中。

以下分别是带 select 标签的 li 和带 input 标签的 li：

```
<li class="freeRegMod__mod-reg-li___1HZwE">
  <div class="clearfix freeRegMod__mod-reg-wrap___19Wag">
```

```
<label>
  <span>*</span>
  所属地区
</label>
<select class="freeRegMod__select-row___1GGgG">
  <option value="">请选择</option>
  <option value="0">成都市</option>
  ...
</select>
<select class="freeRegMod__select-row___1GGgG">
  <option value="">请选择</option>
</select>
</div>
<div class="freeRegMod__mod-reg-tip___TCBWR"></div>
</li>
```

```
<li class="freeRegMod__mod-reg-li___1HZwE">
  <div class="clearfix freeRegMod__mod-reg-wrap___19Wag">
    <label><span>*</span>身份证号码</label>
    <input type="text" placeholder="请输入身份证号" class="freeRegMod__mod-
reg-input___3tZge">
  </div>
  <div class="freeRegMod__mod-reg-tip___TCBWR"></div>
</li>
```

因本模块为静态页面，所以不需要在 script 中添加数据模块和计算模块。

（3）引入界面样式

审查网页元素，可以看出界面样式均由两个 CSS 文件渲染，此处将 CSS 文件存放于 assets/css 文件夹；将背景图片下载并存放于 assets/image 文件夹中。文件结构如图 2-32 所示。

图 2-32　资源文件引入

接下来，只需要在 style 中引入即可：

```
<style scoped>
@import url('./assets/css/1.4bc4b491.chunk.css');
@import url('./assets/css/main.1c8d527b.chunk.css');

</style>
```

（4）启动项目

在 WebStorm 的 Terminal 中输入以下指令启动项目：

```
C:\Repositories\Vue\learning_situation_5>npm run serve

  App running at:
  - Local:   http://localhost:8080/
  - Network: http://192.168.13.31:8080/
```

通过浏览器访问 http://localhost:8080/。静态网页效果如图 2-33 所示。

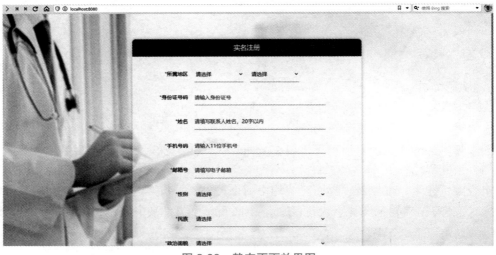

图 2-33　静态页面效果图

4. 响应式网页设计

在明确网页效果并构建了静态界面原型之后，我们就可以使用 Vue 的模板语法、表单输入绑定、基本指令、事件绑定、修饰符、侦听器等技术实现本次的用户注册界面响应式设计。

以下是使用 Vue 进行响应式界面设计的步骤。

（1）构建动态属性

在 script 导出的 data 对象中构建动态属性，导出结构如下：

```
<script>
export default {
data(){
```

```
    return {
        # 在此处构建动态属性
    }
    }
</script>
```

为所属地区、性别、民族、政治面貌对应的<select>设置数据源（因本次网页设计不涉及网络数据交互，故以本地数据替代）：

```
cityList: [
    {
        name: '成都市',
        areaList: ['市辖区', '锦江区', ...]
    },
    {
name: '自贡市',
areaList: ['市辖区', '自流井区', ...]
},
    ...
],
areaList: [],
nationList: [
    '汉族', '蒙古族', ...
],
politicsList: [
    '预备党员', '党员', ...
],
```

为所有表单输入标签设置对应属性，分别对应：城市、区域、身份证号码、姓名、手机号码、邮箱号、性别、民族、政治面貌、出生日期、密码和确认密码。代码如下：

```
cityIndex: -1,
areaIndex: -1,
idcard: '',
name: '',
phone: '',
validate_code: ''
email: '',
gender: -1,
nationIndex: -1,
politicsIndex: -1
birthday: '',
password: '',
validate_pass: ''
isAgree: false,
```

表单式前端网页需要在编辑过程中及实际提交注册请求之前对数据进行校验，若数据有异常，则需要做错误提示，并且阻止用户的注册请求操作。所以本次网页在每个<input>元素后都有一个错误提示部分。为此，我们还需要定义每个表单输入标签对应的提示属性。

```
errorMsgs: {
  area: '',
  idcard: '',
  name: '',
  phone: '',
  validate_code: '',
  email: '',
  gender: '',
  nationIndex: '',
  politicsIndex: '',
  birthday: '',
  password: '',
  validate_pass: '',
  isAgree: '',
}
```

（2）表单输入绑定

表单输入绑定主要是使用 v-model 属性动态绑定 Vue 属性值，这里主要涉及 select 级联列表、select 单数据列表、input 文本、checkbox 复选框的输入绑定，其中分别以所属地区、民族、身份证号码和同意协议进行展示。

所属地区：

```
<li class="freeRegMod__mod-reg-li___1HZwE">
  <div class="clearfix freeRegMod__mod-reg-wrap___19Wag">
    <label> <span>*</span> 所属地区 </label>
    <select class="freeRegMod__select-row___1GGgG"
          v-model="cityIndex" >
      <option value="-1" v-show="cityIndex===-1">请选择</option>
      <option v-for="(city,index)in cityList" :key="index" :value="index">
        {{ city.name }}
      </option>
    </select>
    <select class="freeRegMod__select-row___1GGgG"
          v-model="areaIndex" >
      <option value="-1" v-show="areaIndex===-1">请选择</option>
      <option v-for="(area,index)in areaList" :key="index" :value="index">
{{ area }}</option>
    </select>
  </div>
  <div class="freeRegMod__mod-reg-tip___TCBWR">{{ errorMsgs.area }}</div>
```

```
    </li>
```

民族：

```
    <li class="freeRegMod__mod-reg-li___1HZwE">
      <div class="clearfix freeRegMod__mod-reg-wrap___19Wag">
        <label><span>*</span>民族</label>
        <select v-model="nationIndex" >
          <option value="-1" v-show="nationIndex === -1">请选择</option>
          <option  v-for="(nation,index)in  nationList"  :key="index"  value=
"index">{{ nation }}</option>
        </select>
      </div>
      <div class="freeRegMod__mod-reg-tip___TCBWR">{{ errorMsgs.nationIndex }}
</div>
    </li>
```

身份证号码：

```
    <li class="freeRegMod__mod-reg-li___1HZwE">
      <div class="clearfix freeRegMod__mod-reg-wrap___19Wag">
        <label><span>*</span>身份证号码</label>
        <input type="text" placeholder="请输入身份证号" class="freeRegMod__ mod-
reg-input___3tZge"
                v-model="idcard"  >
      </div>
      <div  class="freeRegMod__mod-reg-tip___TCBWR">{{  errorMsgs.idcard  }}
</div>
    </li>
```

协议：

```
    <li class="freeRegMod__mod-reg-li___1HZwE">
      <div class="freeRegMod__mod-reg-wrap___19Wag freeRegMod__center___1k6bm">
        <input  type="checkbox"  name="category"  class="freeRegMod__checkbox-
input___2OdHu"
                value="我已阅读并同意此协议"
                v-model="isAgree" @change="errorMsgs.isAgree=''">
        我已阅读并同意此协议
        <a href="javascript:;">《用户注册协议》</a></div>
      <div  class="freeRegMod__mod-reg-tip___TCBWR">{{  errorMsgs.isAgree  }}
</div>
    </li>
```

　　在表单输入绑定中，出生日期需要用到日期选择器，因此需要额外引入环境库 Element UI，在使用之前需要将其载入项目。

安装 Element UI：

```
C:\Repositories\Vue\learning_situation_5> npm i element-ui -S
```

引入 Element UI（main.js）：

```
import Vue from 'vue'
import App from './App.vue'
import ElementUI from 'element-ui';
import 'element-ui/lib/theme-chalk/index.css';


Vue.use(ElementUI)


new Vue({
    render: h => h(App),
}).$mount('#app')
```

构建出生日期选择器：

```
<li class="freeRegMod__mod-reg-li___1HZwE">
  <div class="clearfix freeRegMod__mod-reg-wrap___19Wag">
    <label><span>*</span>出生日期</label>
    <el-date-picker
        v-model="birthday"
        type="date"
        id="starttime"
        class="freeRegMod__mod-reg-input___3tZge"
        format="yyyy-MM-dd"
        value-format="yyyy-MM-dd"
        :popper-append-to-body="false"
        placeholder="请选择日期">
    </el-date-picker>
  </div>
  <div class="freeRegMod__mod-reg-tip___TCBWR">{{ errorMsgs.birthday }}
</div>
  </li>
```

（3）事件绑定

在绑定了表单输入项之后，就可以使用 Vue 的属性实时获取表单变化内容了。

接下来，我们需要对事件进行绑定，以便于做到网页数据响应式开发和数据有效性实时校验。接下来以所属地区的级联事件、身份证号码验证的触发事件和注册按钮的单击事件为例进行演示。

① 级联事件。区域数据需要跟随城市选择事件的变化而变化，所以为城市数据选择事件添加绑定，切换区域数据源，并在 Vue 中添加 methods 结构，并设置相应函数响应。

template：

```
<select class="freeRegMod__select-row___1GGgG"
v-model="cityIndex" @change="changeCity($event)">
```

script：

```
<script>
export default {
  methods: {
    changeCity(event){
      this.areaList = this.cityList[event.target.value].areaList
      this.areaIndex = -1
    },
  },
}
</script>
```

当市、区都被选择之后，所属地区错误的输入文本应该置空，为区域数据选择事件添加绑定。

template：

```
<select class="freeRegMod__select-row___1GGgG"
        v-model="areaIndex" @change="errorMsgs.area=''">
```

②　触发事件。身份证号码需要符合国家制定规范，否则数据无效，所以对<input>添加 blur 事件绑定。

template：

```
<input type="text" placeholder="请输入身份证号" class="freeRegMod__ mod-reg-input___3tZge"
        v-model="idcard" @blur="validate_idcard">
```

script：

```
/*验证身份证号码*/
validate_idcard(){
  var cardChar = this.idcard.split("");
  var he = 0;
  var no = [7, 9, 10, 5, 8, 4, 2, 1, 6, 3, 7, 9, 10, 5, 8, 4, 2];
  for(var i = 0; i < 17; i++){
    if(isNaN(cardChar[i])){
      continue;
    }
    var cardNum = cardChar[i];
    he += cardNum * no[i];
```

```
    }
    var yushu = he % 11;
    var mappingLastChar = ["1", "0", "X", "9", "8", "7", "6", "5", "4", "3",
"2"];
    var lastChar = cardChar[17];
    if(lastChar == mappingLastChar[yushu]){
      this.errorMsgs.idcard = ''
      return true;
    }
    this.errorMsgs.idcard = '身份证号码格式错误!'
    return false;
  },
```

③ 单击事件。单击"注册"按钮，进行数据校验及提交注册操作，需要为按钮绑定 click 事件。

template：

```
<a  href="javascript:;"  class="freeRegMod__mod-reg-btn___1SA9o"  @click=
"register">注册</a>
```

script：

```
/*注册*/
register(){
  //  先验证数据有效性
  if(this.cityIndex === -1 || this.areaIndex === -1){
    this.errorMsgs.area = '请选择所属地区'
    return
  }
  this.errorMsgs.area = ''
  ...

  //TODO 此处需要进行在线数据交互,进行用户注册
  ...
},
```

（4）侦听器

blur 事件绑定能在输入结束并且失去焦点时调用函数或进行数据校验。但是如果需要对输入框数据进行实时校验或实时响应，就需要用到属性侦听器，比如：根据搜索框内容进行实时搜索。

此处的侦听器针对于姓名规范和确认密码实施校验，需要在 Vue 中添加 watch 结构，使用属性名称作为函数名并对变化进行实时监听。可接收两个参数为 new_value、old_value。

姓名侦听器：

```
<script>
export default {
  watch: {
    name: function(value){
      if(value.length === 0)
        this.errorMsgs.name = '请输入姓名'
      else if(value.length > 20)
        this.errorMsgs.name = '该姓名不符合规范！'
      else this.errorMsgs.name = ''
    },
  },
}
</script>
```

确认密码侦听器：

```
validate_pass: function(value){
  if(value === this.password)
    this.errorMsgs.validate_pass = ''
  else this.errorMsgs.validate_pass = '两次密码输入不一致'
}
```

（5）响应式网页效果

响应式网页初始化效果无变化，如图 2-29 所示。

出现错误数据或未选择数据时会出现响应错误提示，如图 2-34 所示。

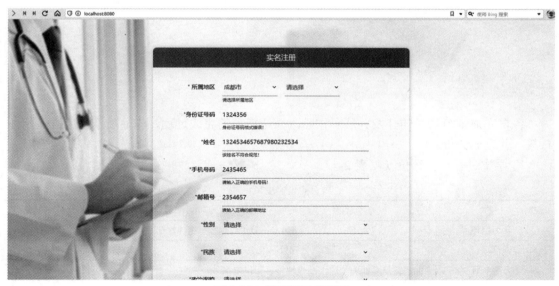

图 2-34　错误提示效果图

数据校验成功并提交注册操作时界面如图 2-35 所示。

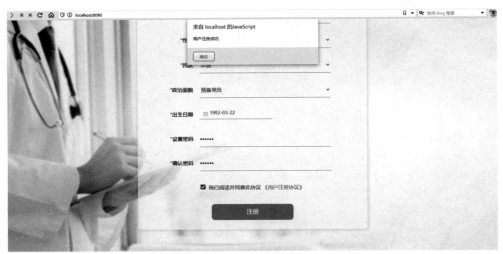

图 2-35　提交注册效果图

工作实施

按照制订的最佳方案实施计划进行项目开发，填充相应的工作流程内容。

评价反馈

各自完成学习情境的开发并展示作品，介绍任务的完成过程，作品展示前应准备阐述材料，并完成评价。

1. 学生进行自我评价（见表 2-4）。

表 2-4　学生自评表

班级：	姓名：		学号：	
学习情境	使用 v-model 构建智慧医养注册页面			
评价项目	评价标准		分值	得分
方案制订	能根据技术能力快速、准确地制订工作方案		10	
环境准备	能正确、熟练地使用 npm 管理依赖环境		10	
项目构建	能正确、熟练地使用 Vue create 构建 Vue 项目		10	
响应式开发	能根据方案正确、熟练地进行响应式网页开发		35	

（续表）

评价项目	评价标准	分值	得分
项目开发能力	根据项目开发进度及应用状态评定开发能力	20	
工作质量	根据项目开发过程及成果评定工作质量	15	
合计		100	

2. 在学生展示过程中，以个人为单位，对以上学习情境过程与结果进行互评（见表 2-5）。

表 2-5　学生互评表

学习情境		使用 v-model 构建智慧医养注册页面									
评价项目	分值	等级							评价对象			
									1	2	3	4
计划合理	10	优	10	良	9	中	8	差	6			
方案准确	10	优	10	良	9	中	8	差	6			
工作质量	20	优	20	良	18	中	15	差	12			
工作效率	15	优	15	良	13	中	11	差	9			
工作完整	10	优	10	良	9	中	8	差	6			
工作规范	10	优	10	良	9	中	8	差	6			
识读报告	10	优	10	良	9	中	8	差	6			
成果展示	15	优	15	良	13	中	11	差	9			
合计	100											

3. 教师对学生工作过程和工作结果进行评价（见表 2-6）。

表 2-6　教师综合评价表

班级：　　　　　　　姓名：　　　　　　　学号：

学习情境		使用 v-model 构建智慧医养注册页面		
评价项目		评价标准	分值	得分
考勤（20%）		无无故迟到、早退、旷课现象	20	
工作过程（50%）	方案制订	能根据技术能力快速、准确地制订工作方案	5	
	环境准备	能正确、熟练地使用 npm 管理依赖环境	10	
	项目构建	能正确、熟练地使用 Vue create 构建 Vue 项目	5	
	响应式开发	能根据方案正确、熟练地进行响应式网页开发	20	
	工作态度	态度端正，工作认真、主动	5	
	职业素质	能做到安全、文明、合法，爱护环境	5	
项目成果（30%）	工作完整	能按时完成任务	5	
	工作质量	能按计划完成工作任务	15	
	识读报告	能正确识读并准备成果展示各项报告材料	5	
	成果展示	能准确表达、汇报工作成果	5	
合计			100	

拓展思考

1. 本案例中的 blur 事件绑定还可以使用什么方式实现？
2. 本案例中的侦听器使用是否恰当？
3. 本案例中侦听器实现的内容还可以使用什么方式实现？

学习情境 2.2　使用渲染指令构建智慧医养首页

学习情境描述

1. 教学情境描述：通过介绍及讲述 Vue 框架的模板语法、常用渲染指令、事件绑定、Class 与 Style 绑定、过渡&动画等技术要点与案例应用，演练并掌握使用渲染指令进行展示类页面构建、数据绑定、事件绑定和动画过渡等操作的网页设计。
2. 关键知识点：模板语法、常用渲染指令、事件绑定、Class 与 Style 绑定、过渡&动画。
3. 关键技能点：模板语法、常用渲染指令、事件绑定、Class 与 Style 绑定、过渡&动画。

学习目标

1. 理解 Vue 模板语法原理及构造方式。
2. 掌握 Vue 常用指令的使用。
3. 掌握 Vue 事件绑定的使用。
4. 掌握 Vue 中 Class 和 Style 绑定的使用。
5. 掌握 Vue 中过渡&动画效果配置的使用方式。
6. 能根据实际网页设计需求，构建动态展示类网页。

任 务 书

1. 完成通过 Vue CLI 构建 Vue 项目。
2. 完成通过模板语法绑定数据。
3. 完成通过常用指令绑定并展示数据。
4. 完成通过 v-on 绑定事件。
5. 完成通过 methods 构建响应事件。
6. 完成通过 Class 和 Style 绑定动态更新界面样式。
7. 完成通过过渡&动画渲染动态效果。
8. 完成通过 Vue 实现动态展示类网页设计。

获取信息

引导问题 1：Vue 的模板语法有哪些？

_____

_____

_____

引导问题 2：Vue 的常用渲染指令有哪些？分别是什么作用？

_____

_____

_____

引导问题 3：Vue 的事件绑定原理是什么？如何实现事件绑定？

_____

_____

_____

引导问题 4：如何实现 Class 和 Style 动态绑定？使用场景都有哪些？

_____

_____

_____

引导问题 5：过渡&动画可实现哪些状态效果？如何实现？

_____

_____

_____

_____

工作计划

1. 制订工作方案（见表 2-7）。

根据获取的信息进行方案预演，选定目标，明确执行过程。

表 2-7　工作方案

步骤	工作内容
1	
2	
3	
4	

2. 写出此工作方案执行的动态表单网页设计原理。

_____

_____

_____

3. 列出工具清单（见表 2-8）。

列举出本次实施方案中所需要用到的软件工具。

表 2-8　工具清单

序号	名称	版本	备注

4. 列出技术清单（见表 2-9）。

列举出本次实施方案中所需要用到的软件技术。

表 2-9　技术清单

序号	名称	版本	备注

进行决策

1. 根据引导、构思、计划等，各自阐述自己的设计方案。
2. 对其他人的设计方案提出自己不同的看法。
3. 教师结合大家完成的情况进行点评，选出最佳方案，并写出最佳方案。

_____

_____

_____

知识准备

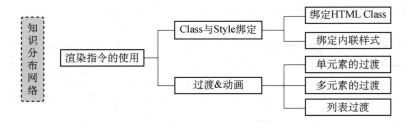

2.2.1　Class 与 Style 绑定

操作元素的 Class 列表和内联样式是数据绑定的常见需求。因为它们都是 attribute，所以我们可以用 v-bind 处理它们：只需要通过表达式计算出字符串结果即可。不过，字符串拼接麻烦且易错，因此，在将 v-bind 用于 Class 和 Style 绑定时，Vue.js 做了专门的增强。表达式结果的类型除了字符串，还可以是对象或数组。

Class Style
绑定

1. 绑定 HTML Class

HTML 中元素节点的 Class 数据绑定主要分为对象语法和数组语法，以下分别介绍。

（1）对象语法

我们可以传给 v-bind:class 一个对象，以动态地切换 Class。例如：

```
<div v-bind:class="{ active: isActive }"></div>
```

上面的语法表示 active 这个 class 值存在与否将取决于数据属性（data 中定义）isActive 的值是否为真。我们也可以在对象中传入更多字段来动态切换多个 Class。

此外，v-bind:class 指令也可以与普通的 Class 属性共存。例如：

```
<div
class="static"
v-bind:class="{ active: isActive, 'text-danger': hasError }" >
</div>
```

data 属性的定义如下：

```
data: {
  isActive: true,
  hasError: false
}
```

结果渲染为：

```
<div class="static active"></div>
```

当 isActive 或者 hasError 发生变化时，Class 列表将相应地更新。例如，如果 hasError 的值变为 true，则 Class 列表将变为 "static active text-danger"。

另外，绑定的数据对象不必内联定义在模板里，可以将多组数据定义为一个对象，并动态绑定到 Class 属性中。例如：

在 data 中定义对象：

```
data: {
  classObject: {
    active: true,
    'text-danger': false
  }
}
```

在模板中绑定对象：

```
<div v-bind:class="classObject"></div>
```

渲染的结果和上面一样。

（2）数组语法

我们可以把一个数组传给 v-bind:class，以应用一个 Class 列表。例如，为<div>绑定一个数组：

```
<div v-bind:class="[activeClass, errorClass]"></div>
```

并在 data 中为数组中的每个属性定义：

```
data: {
  activeClass: 'active',
  errorClass: 'text-danger'
}
```

Vue 会根据属性绑定渲染 HTML：

```
<div class="active text-danger"></div>
```

如果想根据条件切换列表中的 Class，可以用三元表达式。例如：

```
<div v-bind:class="[isActive ? activeClass : '', errorClass]"></div>
```

这样写将始终添加 errorClass，但是只有在 isActive 的值为真时才添加 activeClass。不过，当有多个条件 Class 时，这样写有些烦琐。所以在数组语法中也可以使用对象语法。例如：

```
<div v-bind:class="[{ active: isActive }, errorClass]"></div>
```

2. 绑定内联样式

HTML 中标签的 Style 数据绑定也分为对象语法和数组语法，以下分别介绍。

（1）对象语法

v-bind:style 的对象语法十分直观，看着非常像 CSS，但其实它是一个 JavaScript 对象。当使用对象语法的时候，v-bind 往 Style 中注入的是属性的值或对象本身。例如：

```
<div v-bind:style="{ color: activeColor, fontSize: fontSize + 'px' }"></div>
```

需要在 data 中对属性进行定义：

```
data: {
  activeColor: 'red',
  fontSize: 30
}
```

也可以直接绑定到一个样式对象，这样对模板的显示和操作更直观。

模板修改为：

```
<div v-bind:style="styleObject"></div>
```

data 修改为：

```
data: {
  styleObject: {
    color: 'red',
    fontSize: '13px'
  }
}
```

（2）数组语法

v-bind:style 的数组语法可以将多个样式对象应用到同一个元素上。其使用方式和 Class 数组语法的绑定方式类似。例如：

```
<div v-bind:style="[baseStyles, overridingStyles]"></div>
```

2.2.2　过渡&动画

过渡&动画

Vue 在插入、更新或者移除 DOM 时，提供多种不同方式的应用过渡效果。它包括以下工具：

- 在 CSS 过渡和动画中自动应用 Class。
- 可以配合使用第三方 CSS 动画库，如 Animate.css。
- 在过渡钩子函数时使用 JavaScript 直接操作 DOM。
- 可以配合使用第三方 JavaScript 动画库，如 Velocity.js。

在这里，我们主要介绍单元素的过渡、多个元素的过渡、列表过渡。

1. 单元素的过渡

Vue 提供了 transition 的封装组件，在下列情形中，可以给任何元素和组件添加进入/离开过渡：

- 条件渲染（使用 v-if）；
- 条件展示（使用 v-show）；
- 动态组件；
- 组件根节点。

例 2-12：添加一个按钮和一张图片，单击按钮切换图片显示状态，并为图片的切入/切出添加过渡效果。

```
<!DOCTYPE html>
<html>
    <head>
        <meta charset="utf-8">
        <title>例 2-12</title>
        <script src="https://cdn.jsdelivr.net/npm/vue@2.6.14/dist/vue.js">
</script>
        <style type="text/css">
            .fade-enter-active,
            .fade-leave-active {
                transition: opacity .5s;
            }

            .fade-enter,
            .fade-leave-to {
                opacity: 0;
            }
```

```
        </style>
    </head>
    <body>
        <div id="demo">
            <button v-on:click="show = !show">
                Toggle
            </button>
            <br><br>
            <transition name="fade">
                <img v-if="show" src="../public/logo.png" />
                <p v-if="show">hello</p>
            </transition>
        </div>
        <script>
            var app = new Vue({
                el: '#demo',
                data: {
                    show: true
                }
            })
        </script>
    </body>
</html>
```

启动并打开网页，效果如图 2-36 所示。

图 2-36　例 2-12 效果图

单击按钮，触发事件，图片渐变消失；再次单击，图片渐变显示。效果如图 2-37 所示。

当插入或删除包含在 transition 组件中的元素时，Vue 将会进行以下处理：

● 自动嗅探目标元素是否应用了 CSS 过渡或动画，如果是，则在恰当的时机添加/删除 CSS 类名。

● 如果过渡组件提供了 JavaScript 钩子函数，这些钩子函数将在恰当的时机被调用。

图 2-37　渐变效果图

- 如果没有找到 JavaScript 钩子函数并且也没有检测到 CSS 过渡/动画，则 DOM 操作（插入/删除）在下一帧中立即执行。

（1）过渡的类名

在进入/离开的过渡中，会有 6 个 Class 切换，具体如下。

- v-enter：用于定义进入过渡的开始状态。在元素被插入之前生效，在元素被插入之后的下一帧移除。
- v-enter-active：用于定义进入过渡生效时的状态。在整个进入过渡的阶段中应用，在元素被插入之前生效，在过渡/动画完成之后移除。这个类可以被用来定义进入过渡的过程时间、延迟和曲线函数。
- v-enter-to：2.1.8 版及以上版本用于定义进入过渡的结束状态。在元素被插入之后下一帧生效（与此同时 v-enter 被移除），在过渡/动画完成之后移除。
- v-leave：用于定义离开过渡的开始状态。在离开过渡被触发时立刻生效，下一帧被移除。
- v-leave-active：用于定义离开过渡生效时的状态。在整个离开过渡的阶段中应用，在离开过渡被触发时立刻生效，在过渡/动画完成之后移除。这个类可以被用来定义离开过渡的过程时间、延迟和曲线函数。
- v-leave-to：2.1.8 版及以上版本用于定义离开过渡的结束状态。在离开过渡被触发之后下一帧生效（与此同时 v-leave 被删除），在过渡/动画完成之后移除。

进入/离开的过渡流程如图 2-38 所示。

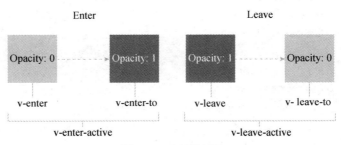

图 2-38　过渡流程

对于这些在过渡中切换的类名来说，如果你使用一个没有名字的 <transition>，则 v-

121

是这些类名的默认前缀。如果你使用了<transition name="my-transition">，那么 v-enter 会被替换为 my-transition-enter。

v-enter-active 和 v-leave-active 可以控制进入/离开过渡的不同的缓和曲线。

（2）CSS 过渡

常用的过渡都是使用 CSS 过渡的。就例 2-12 而言，我们可以通过调整 CSS 来设置过渡样式。

```css
/* 可以设置不同的进入和离开动画的样式 */
/* 设置持续时间和动画函数 */
.fade-enter-active {
  transition: all .3s ease;
}
.fade-leave-active {
  transition: all .8s cubic-bezier(1.0, 0.5, 0.8, 1.0);
}
.fade-enter, .fade-leave-to
/* .fade-leave-active for below version 2.1.8 */ {
  transform: translateX(10px);
  opacity: 0;
}
```

（3）CSS 动画

CSS 动画的用法同 CSS 过渡，它们的区别是在动画中，v-enter 类名在节点插入 DOM 后不会立即删除，而是在 animationend 事件触发时删除。

例 2-13：使用 CSS 动画，为文本添加进入和离开的动画效果。

```html
<!DOCTYPE html>
<html>
  <head>
    <meta charset="utf-8">
    <title>例 2-13</title>
    <script src="https://cdn.jsdelivr.net/npm/vue@2.6.14/dist/vue.js">
</script>
    <style type="text/css">
      .bounce-enter-active {
        animation: bounce-in .5s;
      }

      .bounce-leave-active {
        animation: bounce-in .5s reverse;
      }

      @keyframes bounce-in {
        0% {
```

```
                    transform: scale(0);
                }

                50% {
                    transform: scale(1.5);
                }

                100% {
                    transform: scale(1);
                }
            }
        </style>
    </head>
    <body>
        <div id="demo">
            <button @click="show = !show">Toggle show</button>
            <transition name="bounce">
                <p v-if="show">Lorem ipsum dolor sit amet, consectetur
adipiscing elit. Mauris facilisis enim libero, at
                    lacinia diam fermentum id. Pellentesque habitant morbi
tristique senectus et netus.</p>
            </transition>
        </div>
        <script>
            var app = new Vue({
                el: '#demo',
                data: {
                    show: true
                }
            })
        </script>
    </body>
</html>
```

启动并打开网页，效果如图 2-39 所示。

图 2-39 例 2-13 效果图

单击按钮，触发事件，文本先放大后缩小到消失；再次单击，文本先放大再缩小显示。效果如图 2-40 所示。

图 2-40　缩放效果图

2. 多元素的过渡

最常见的多元素过渡是一个列表和描述这个列表为空消息的元素。例如：

```
<transition>
  <table v-if="items.length > 0">
    <!-- ... -->
  </table>
  <p v-else>Sorry, no items found.</p>
</transition>
```

可以这样使用，但是有一点需要注意：当有相同标签名的元素切换时，需要通过 key 属性设置唯一的值来标记，以让 Vue 区分它们，否则 Vue 为了效率只会替换相同标签内部的内容。例如：

```
<transition>
  <button v-if="isEditing" key="save">
    Save
  </button>
  <button v-else key="edit">
    Edit
  </button>
</transition>
```

多元素的过渡和单元素过渡的使用方式相同，可以直接通过设置 CSS 实现。

但是对于多个元素的过渡，<transition>有其默认过渡模式：进入和离开同时发生。当同时生效的进入和离开的过渡不能满足要求的时候，Vue 还提供了其他过渡模式，具体如下。

- in-out：新元素先进行过渡，完成之后当前元素过渡离开。
- out-in：当前元素先进行过渡，完成之后新元素过渡进入。

只需添加一个简单的 Attribute，就解决了之前的过渡问题，而无须任何额外的代码。例如：

```
<transition name="fade" mode="out-in">
  <!-- ... the buttons ... -->
</transition>
```

3. 列表过渡

目前为止，关于过渡我们已经讲到单个元素的过渡和多个元素的过渡。那么如何同时渲染整个列表呢，比如使用 v-for？在这种场景中，使用<transition-group>组件。

<transition-group>是一个组件，该组件有以下几个特点。

- 不同于<transition>，它会以一个真实元素呈现：默认为一个<span>。你也可以通过

tag attribute 更换为其他元素。

● 过渡模式不可用，因为我们不再相互切换特有的元素。

● 内部元素总是需要提供唯一的 key attribute 值。

● CSS 过渡的类将会应用在内部的元素中，而不是这个组/容器本身。

接下来，我们用一个案例演示列表的进入/离开过渡。

例 2-14：使用<transition-group>组件完成列表过渡动画效果。

```html
<!DOCTYPE html>
<html>
    <head>
        <meta charset="utf-8">
        <title>例2-14</title>
        <script src="https://cdn.jsdelivr.net/npm/vue@2.6.14/dist/vue.js">
</script>
        <style type="text/css">
            .list-item {
                display: inline-block;
                margin-right: 10px;
            }

            .list-enter-active,
            .list-leave-active {
                transition: all 1s;
            }

            .list-enter,
            .list-leave-to {
                opacity: 0;
                transform: translateY(30px);
            }
        </style>
    </head>
    <body>
        <div id="list-demo" class="demo">
            <button v-on:click="add">Add</button>
            <button v-on:click="remove">Remove</button>
            <transition-group name="list" tag="p">
                <span v-for="item in items" v-bind:key="item" class= "list-
item">
                    {{ item }}
                </span>
```

```
            </transition-group>
        </div>
        <script>
            var app = new Vue({
                el: '#list-demo',
                data: {
                    items: [1, 2, 3, 4, 5, 6, 7, 8, 9],
                    nextNum: 10
                },
                methods: {
                    randomIndex: function(){
                        return Math.floor(Math.random()* this.items.length)
                    },
                    add: function(){
                        this.items.splice(this.randomIndex(), 0, this.nextNum++)
                    },
                    remove: function(){
                        this.items.splice(this.randomIndex(), 1)
                    },
                }
            })
        </script>
    </body>
</html>
```

启动并打开网页，效果如图 2-41 所示。

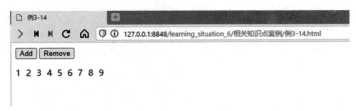

图 2-41 例 2-14 效果图

单击"Add"和"Remove"按钮，触发相应事件，列表数据插入和移除效果如图 2-42、图 2-43 所示。

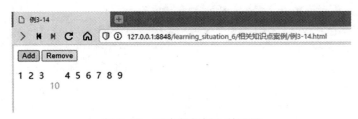

图 2-42 列表数据插入效果图

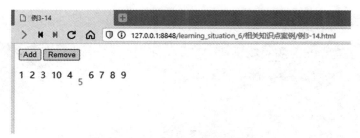

图 2-43　列表数据移除效果图

相关案例

首页

按照本单元所涉及的知识面及知识点，作为下一步工作实施的参考案例，展示项目案例"使用渲染指令构建智慧医养首页"的实施过程。

按照界面设计的实际项目开发过程，以下是项目从静态网页到 Vue 响应式网页设计的具体流程。

1. 项目构建

使用 Vue CLI >= 3 工具构建 Vue 项目，相关指令如下：

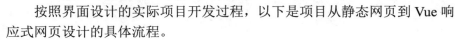

```
C:\Repositories\Vue>vue create learning_situation_6
```

构建成功后，使用 WebStorm 打开项目，项目结构如图 2-44 所示。

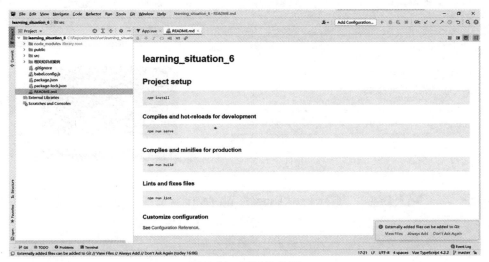

图 2-44　项目结构图

2. 确定界面样式

在正式开始 Vue 响应式网页设计之前，我们需要明确我们的网页设计效果，并构建静态页面。

针对本次的界面设计目标，我们从"齐家乐·智慧医养大数据公共服务平台"网站中选择网站首页作为本次的界面设计目标。

127

"齐家乐·智慧医养大数据公共服务平台"的首页效果如图 2-45 所示。

图 2-45　首页效果图

3. 构建静态网页

根据目标确定的界面样式，编辑构建静态 HTML，并绑定原网页样式。

为了剔除未涉及的数据通信和简化展示效果，本次构建的静态网页中的数据源均为本地静态数据。

（1）审查网页元素

获取网页结构，效果如图 2-46 所示。

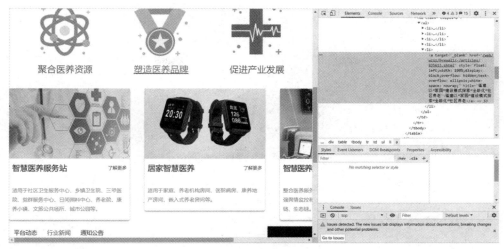

图 2-46　审查网页结构

（2）构建静态 HTML

系统首页界面是一个独立且完整的功能界面，所以本次操作直接在 App.vue 中嵌入界面内容，并在项目启动后自动渲染显示。

首先将 App.vue 中所有不相关内容清空，App.vue 结构如图 2-47 所示。

图 2-47　App.vue 结构

根据界面结构，分析可知：页面可按照块级进行拆分，最上方为轮播图，占一整行；下一层级为发展目标展示列表，占整行且居中显示；再下一层为特色服务列表块，占整行且居中显示；再往下分为左边的分栏资讯列表和右边的实时新闻视频展示（此处省略），比例为 2∶1；再往下为合作伙伴列表，占整行且居中显示。根据结构分析，并构建静态 HTML 代码到 template 中。

智慧医养静态首页的主体结构如下：

```
<template>
  <div id="app">
```

```html
    <div id="content">
      <!-- 轮播图 -->
      <div class="portlet-borderless content-display-portlet ">
      </div>


      <!-- 发展目标 -->
      <div class="content-display-portlet w12">
      </div>


      <!-- 特色服务 -->
      <div class="portlet-borderless content-display-portlet w12">
      </div>


      <!-- 分栏资讯 -->
      <div class="portlet-borderless portlet-nested-portlets w12">
        <span id="p_118_INSTANCE_NQBa0Yd6tWcQ"></span>
        <div class="portlet-borderless-container" style="">
          <div class="portlet-body">
            <div class="_cms1_WAR_CMSportlet_INSTANCE_qrkCfWZv74Ca_tab tab">
              <!-- 标题 -->
              <div class="tabpage">
                <ul>
                  <li class="selected" data="#">
                    <span>
                      <a href="#">平台动态</a>
                    </span>
                  </li>
                  ...
                </ul>
              </div>
              <div class="hr"> </div>
              <!-- 动态 -->
              <div    id="_cms1_WAR_CMSportlet_INSTANCE_qrkCfWZv74Ca_tabody"
class="tabody">
              </div>
            </div>
          </div>
        </div>
      </div>


      <!-- 合作伙伴 -->
      <div class="portlet-borderless content-display-portlet ">
      </div>
    </div>
```

```
    </div>
</template>
```

（3）引入界面样式

审查网页元素，可以看出界面样式均由 10 个 CSS 文件和部分本地 CSS 样式渲染而成，此处将 10 个 CSS 文件存放于 assets/css 文件夹；将背景图片下载并存放于 assets/image 文件夹中，并在 assets/css 文件夹下构建文件 home.css，将本地 CSS 样式封装到 home.css。文件结构如图 2-48 所示。

图 2-48　资源文件结构

接下来，只需要在 style 中引入即可：

```
<style>
@import "assets/css/aui.css";
@import "assets/css/main.css";
@import "assets/css/main(1).css";
@import "assets/css/main(2).css";
@import "assets/css/main(3).css";
@import "assets/css/main(4).css";
@import "assets/css/main(5).css";
@import "assets/css/picture-in-picture.css";
@import "assets/css/combo1.css";
@import "assets/css/combo2.css";

@import "assets/css/home.css";

</style>
```

（4）启动项目

在 WebStorm 的 Terminal 中输入以下指令启动项目：

```
C:\Repositories\Vue\learning_situation_6>npm run serve

App running at:
- Local:   http://localhost:8080/
- Network: http://192.168.13.31:8080/
```

通过浏览器访问 http://localhost:8080/。静态网页效果如图 2-49 所示。

图 2-49　静态页面效果图

4. 响应式网页设计

在明确网页效果并构建了静态界面原型之后，我们就可以使用 Vue 的模板语法、常用渲染指令、事件绑定、Class 与 Style 绑定、过渡&动画等技术实现本次的网站首页界面响应式设计。

以下是使用 Vue 进行响应式界面设计的步骤。

（1）构建动态属性

在 script 导出的 data 对象中为 Banner、品牌图标、特色服务、新闻动态等构建数据源和动态属性。

```
<script>
export default {
  name: 'App',
  components: {},
  data(){
    return {
      rslides: [
        {
          id: 'rslides_0',
          image: 'image/2021banner-1.jpg',
          link: '#'
```

```
        },
        ...
      ],
      rslides_index: '2',
      pps: [
        {
          id: 'pp_1',
          image: 'image/20190806032232045SZHVDORG.png',
          link: '#',
          title: '聚合医养资源'
        },
        ...
      ],
      ppbks: [
        {
          id: 'ppkb_1',
          image: 'image/20190806033019906IMVZWVSO.png',
          link: '#',
          title: '智慧医养服务站',
          desc: '适用于社区卫生服务中心、乡镇卫生院、三甲医院、党群服务中心、日间照料
中心、养老院、康养小镇、文旅公共场所、城市公园等。'
        },
        ...
      ],
      tabpages: [
        {
          id: 'tabpage_1',
          link: '#',
          title: '平台动态',
          articles: [
            {
              link: '/web/wzsz/xmdtall/-/articles/902019.shtml',
              title: '四川华迪负责人走访调研自贡智慧医养服务站'
            },
            ...
          ]
        },
        {
          id: 'tabpage_2',
          link: '#',
          title: '行业新闻',
          articles: [
            ...
          ]
```

```
        },
        ...
          ]
        }
      ],
      tabpage_on: 'tabpage_1',
      friends: [
        {
          id: 'friend_0',
          image: 'image/partners_01.png',
          link: 'http://www.cmc.edu.cn/'
        },
        ...
      ],
    }
  },
</script>
```

在 data 中的 image 均引用自 assets/image 文件夹下的资源,Webpack 会在编译项目的时候编译本地资源,所以需要对图片的引用地址进行处理。

在 export default 中添加 mounted 模块,添加如下指令将 assets 下的图片资源地址置换为编译后的地址:

```
mounted(){
  this.rslides = this.rslides.map(item => {
    item.image = require('./assets/' + item.image)
    return item
  });
  this.pps = this.pps.map(item => {
    item.image = require('./assets/' + item.image)
    return item
  });
  this.ppbks = this.ppbks.map(item => {
    item.image = require('./assets/' + item.image)
    return item
  });
  this.friends = this.friends.map(item => {
    item.image = require('./assets/' + item.image)
    return item
  });
},
```

（2）数据绑定

绑定 Vue 动态属性数据,此处主要使用 v-bind 和 v-for 进行操作,此处以轮播图进行展示。

轮播图：

```
<ul class="rslides f426x240 rslides1" style="max-width: 1920px;">
  <li v-for="(rslide,index)in rslides" :key="index" :id="rslide.id"
    v-show="rslides[rslides_index].id === rslide.id"
    style="display: list-item; float: left; position: relative;">
  <a :href="rslide.link" target="_blank">
    <img alt="" data-widget="image" :src="rslide.image"
      style="width:100%;height:auto;">
  </a>
  </li>
</ul>
```

（3）事件绑定

在绑定了数据之后，观察首页发现还需要为以下两个地方绑定事件。

● 轮播图：定时切换轮播图片。

● 新闻动态：根据鼠标移入标题，切换新闻列表。

为达到轮播图定时切换的效果，可在 mounted 模块中添加一个定时器：

```
setInterval(()=> {
  this.rslides_index =(this.rslides_index + 1)% this.rslides.length
  console.log(this.rslides_index)
}, 2000);
```

将鼠标移入，切换标题列表，可添加一个鼠标事件。

为新闻动态标题绑定事件：

```
<li v-for="(tabpage,index)in tabpages" :key="index" :id="tabpage.id"
  :class="[tabpage_on===tabpage.id?'selected':'']" :data="tabpage.link"
  @mouseenter="over($event)">
```

在 methods 中添加响应事件：

```
methods: {
  over(event){
    console.log(event.target.id)
    this.tabpage_on = event.target.id
  }
}
```

（4）过渡&动画

轮播图的定时切换过于生硬，可使用 Vue 中的过渡&动画让图片切换更平滑。

首先需要为轮播图指定过渡模板：

```
<ul class="rslides f426x240 rslides1" style="max-width: 1920px;">
  <template v-for="(rslide,index)in rslides">
    <transition name="fade" :key="index" mode="out-in">
```

```
    <li :id="rslide.id" :key="index"
      v-show="rslides[rslides_index].id === rslide.id"
      style="display: list-item; float: left; position: relative;">
    <a :href="rslide.link" target="_blank">
      <img alt="" data-widget="image" :src="rslide.image"
        style="width:100%;height:auto;">
    </a>
  </li>
  </transition>
 </template>
</ul>
```

然后为轮播图的过渡动画设置 CSS 样式：

```
.fade-enter-active {
  transition: all 0.2s;
}

.fade-leave-active {
  transition: all 0.2s;
}

.fade-enter {
  transform: translateX(100%);
  opacity: 0;
}

.fade-enter-to, .fade-leave {
  transform: translateX(0%);
  opacity: 1;
}

.fade-leave-to {
  transform: translateX(-100%);
  opacity: 0;
}
```

（5）响应式网页效果

响应式网页轮播图效果如图 2-50 所示。

图 2-50　轮播图效果

新闻动态标题切换效果如图 2-51 所示。

图 2-51　新闻动态切换效果图

工作实施

按照制订的最佳方案实施计划进行项目开发，填充相应的工作流程内容。

评价反馈

各自完成学习情境的开发并展示作品，介绍任务的完成过程，作品展示前应准备阐述材料，并完成评价。

1. 学生进行自我评价（见表 2-10）。

表 2-10 学生自评表

班级： 姓名： 学号：

学习情境	使用渲染指令构建智慧医养首页		
评价项目	评价标准	分值	得分
方案制订	能根据技术能力快速、准确地制订工作方案	10	
环境准备	能正确、熟练地使用 npm 管理依赖环境	10	
项目构建	能正确、熟练地使用 Vue create 构建 Vue 项目	10	
响应式开发	能根据方案正确、熟练地进行响应式网页开发	35	
项目开发能力	根据项目开发进度及应用状态评定开发能力	20	
工作质量	根据项目开发过程及成果评定工作质量	15	
合计		100	

2. 在学生展示过程中，以个人为单位，对以上学习情境过程与结果进行互评（见表 2-11）。

表 2-11 学生互评表

学习情境		使用渲染指令构建智慧医养首页										
评价项目	分值	等级							评价对象			
									1	2	3	4
计划合理	10	优	10	良	9	中	8	差	6			
方案准确	10	优	10	良	9	中	8	差	6			
工作质量	20	优	20	良	18	中	15	差	12			
工作效率	15	优	15	良	13	中	11	差	9			
工作完整	10	优	10	良	9	中	8	差	6			
工作规范	10	优	10	良	9	中	8	差	6			
识读报告	10	优	10	良	9	中	8	差	6			
成果展示	15	优	15	良	13	中	11	差	9			
合计	100											

3. 教师对学生工作过程和工作结果进行评价（见表 2-12）。

表 2-12 教师综合评价表

班级： 姓名： 学号：

学习情境		使用渲染指令构建智慧医养首页		
评价项目		评价标准	分值	得分
考勤（20%）		无无故迟到、早退、旷课现象	20	
工作过程（50%）	方案制订	能根据技术能力快速、准确地制订工作方案	5	
	环境准备	能正确、熟练地使用 npm 管理依赖环境	10	
	项目构建	能正确、熟练地使用 Vue create 构建 Vue 项目	5	

（续表）

评价项目		评价标准	分值	得分
工作 过程 （50%）	响应式开发	能根据方案正确、熟练地进行响应式网页开发	20	
	工作态度	态度端正，工作认真、主动	5	
	职业素质	能做到安全、文明、合法，爱护环境	5	
项目 成果 （30%）	工作完整	能按时完成任务	5	
	工作质量	能按计划完成工作任务	15	
	识读报告	能正确识读并准备成果展示各项报告材料	5	
	成果展示	能准确表达、汇报工作成果	5	
合计			100	

拓展思考

1. 本案例中过渡效果为何将 v-for 抽离？
2. 本案例中多次使用 key 属性，意义何在？使用期间需要注意什么？
3. 本案例中本地图片的引用为什么需要做二次处理？

学习情境 2.3　使用 computed 计算健康设备购物车数据

学习情境描述

1. 教学情境描述：通过介绍及讲述 Vue 框架的模板语法、常用渲染指令、事件绑定、Class 与 Style 绑定、计算属性和过滤器等技术要点与案例应用，演练并掌握使用渲染指令进行展示类页面的构建、数据绑定、事件绑定；使用计算属性进行实时计算；使用过滤器技术完成数据二次处理函数的构建和使用。

2. 关键知识点：模板语法、常用渲染指令、事件绑定、Class 与 Style 绑定、计算属性和过滤器。

3. 关键技能点：常用渲染指令、事件绑定、Class 与 Style 绑定、计算属性和过滤器。

学习目标

1. 理解 Vue 模板语法的原理及构造方式。
2. 掌握 Vue 常用指令的使用。
3. 掌握 Vue 事件绑定的使用。
4. 掌握 Vue 中 Class 和 Style 绑定的使用。
5. 掌握 Vue 中计算属性的使用场景和方式。
6. 掌握 Vue 中过滤器的定义和使用。
7. 能根据实际网页设计需求，构建动态展示类网页。

任 务 书

1. 完成通过 Vue CLI 构建 Vue 项目。
2. 完成通过模板语法绑定数据。
3. 完成通过常用指令绑定并展示数据。
4. 完成通过 v-on 和 methods 绑定事件。
5. 完成通过 Class 和 Style 绑定动态更新界面数据和样式。
6. 完成通过计算属性实时计算并更新数据。
7. 完成通过过滤器的设计和使用进行数据二次处理。
8. 完成通过 Vue 实现动态展示类网页设计。

获取信息

引导问题 1：Vue 的计算属性是什么？使用场景都有哪些？

_____

_____

_____

_____

引导问题 2：Vue 过滤器函数如何定义？过滤器函数如何使用？

_____

_____

_____

工作计划

1. 制订工作方案（见表 2-13）。
根据获取的信息进行方案预演，选定目标，明确执行过程。

表 2-13　工作方案

步骤	工作内容
1	
2	
3	
4	

2. 写出此工作方案执行的动态表单网页设计原理。

_____

_____

_____

3. 列出工具清单（见表 2-14）。

列举出本次实施方案中所需要用到的软件工具。

表 2-14　工具清单

序号	名称	版本	备注

4. 列出技术清单（见表 2-15）。

列举出本次实施方案中所需要用到的软件技术。

表 2-15　技术清单

序号	名称	版本	备注

进行决策

1. 根据引导、构思、计划等，各自阐述自己的设计方案。
2. 对其他人的设计方案提出自己不同的看法。
3. 教师结合大家完成的情况进行点评，选出最佳方案，并写出最佳方案。

_____

_____

_____

知识准备

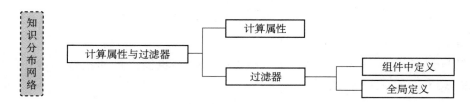

2.3.1　计算属性

模板内的表达式非常便利，但是设计它们的初衷是用于简单运算的。在模板中放入太多的逻辑会让模板过重且难以维护。例如：

```
<div id="example">
  {{ message.split('').reverse().join('')}}
```

计算属性

```
        </div>
```

在这个地方，模板不再是简单的声明式逻辑。我们必须根据表达式对应的属性及函数分析才能知道：这里想要显示变量 message 的翻转字符串。当你想要在模板中的多处包含此翻转字符串时，就会更加难以处理。

所以，对于任何复杂逻辑，Vue 都建议使用计算属性。

1. 基础使用

例 2-15：定义计算属性 reversedMessage，实现动态字符串属性的实时翻转并显示。

```
<body>
<div id="app">
    <div id="example">
        <p>原数据: "{{ message }}"</p>
        <p>翻转后的数据: "{{ reversedMessage }}"</p>
    </div>
</div>
<script>
    var vm = new Vue({
        el: '#app',
        data: {
            message: 'Hello Vue !'
        },
        computed: {
            // 计算属性的 getter
            reversedMessage: function(){
                // `this` 指向 vm 实例
                return this.message.split('').reverse().join('')
            }
        }
    })
</script>
</body>
```

启动并打开网页，效果如图 2-52 所示。

这里我们声明了一个计算属性 reversedMessage。我们提供的函数将用作属性 vm.reversedMessage 的 getter 函数。

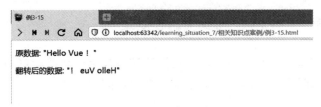

图 2-52　例 2-15 效果图

打开浏览器的控制台，自行修改 vm 中 message 的值，vm.reversedMessage 的值始终取决于 vm.message 的值，且是实时响应的。

当我们在控制台修改及输出 vm.message 时，页面及控制台响应效果如图 2-53 所示。

图 2-53　计算属性实时响应效果图

可以像绑定普通动态属性一样在模板中绑定计算属性。Vue 知道 vm.reversedMessage 依赖于 vm.message，因此当 vm.message 发生改变时，所有依赖 vm.reversedMessage 的绑定也会更新。

2. 计算属性缓存 vs 方法

类比之下，我们可以通过在表达式中调用方法来达到同样的效果，例如：

```
<p>Reversed message: "{{ reversedMessage()}}"</p>
```

并在组建中定义 methods：

```
methods: {
  reversedMessage: function(){
    return this.message.split('').reverse().join('')
  }
}
```

我们可以将同一函数定义为一个方法而不是一个计算属性。两种方式的最终结果确实是完全相同的。

然而，不同的是计算属性是基于它们的响应式依赖进行缓存的，只在相关响应式依赖发生改变时它们才会重新求值。这就意味着只要 message 还没有发生改变，多次访问 reversedMessage 计算属性会立即返回之前的计算结果，而不必再次执行函数。相比之下，每当触发重新渲染时，调用方法将总会再次执行函数。

3. 计算属性 vs 侦听属性

Vue 提供了一种更通用的方式来观察和响应 Vue 实例上的数据变动——侦听属性。

当有一些数据需要随着其他数据的变动而变动时，就会很容易滥用 watch。然而，通常更好的做法是使用计算属性而不是命令式的 watch 回调。

例如，以下分别使用计算属性和侦听属性对指定属性的监听来变动目标属性的值。

143

绑定视图：

```
<div id="demo">{{ fullName }}</div>
```

侦听属性实现：

```
data: {
  firstName: 'Foo',
  lastName: 'Bar',
  fullName: 'Foo Bar'
},
watch: {
  firstName: function(val){
    this.fullName = val + ' ' + this.lastName
  },
  lastName: function(val){
    this.fullName = this.firstName + ' ' + val
  }
}
```

上面的代码是命令式且重复的，将它与计算属性的版本进行比较：

```
data: {
  firstName: 'Foo',
  lastName: 'Bar'
},
computed: {
  fullName: function(){
    return this.firstName + ' ' + this.lastName
  }
}
```

4. 计算属性的 setter

计算属性默认只有 getter 函数，不过在需要时你也可以提供一个 setter 函数。例如：

```
computed: {
  fullName: {
    // getter
    get: function(){
      return this.firstName + ' ' + this.lastName
    },
    // setter
    set: function(newValue){
      var names = newValue.split(' ')
      this.firstName = names[0]
      this.lastName = names[names.length - 1]
    }
```

```
  }
}
```

以上代码运行后，vm.firstName 和 vm.lastName 的变动会带动 vm.fullName 的变动；同时，vm.fullName 变动时，setter 会被调用，vm.firstName 和 vm.lastName 也会相应地被更新。

2.3.2　过滤器

过滤器

Vue.js 允许你自定义过滤器，可被用于一些常见的文本格式化。过滤器可以用在两个地方：双花括号插值（{{ }}）和 v-bind 表达式。

过滤器应该被添加在 JavaScript 表达式的尾部，由"管道"符号指示。例如：

```
<!-- 在双花括号中 -->
{{ message | capitalize }}


<!-- 在 `v-bind` 中 -->
<div v-bind:id="rawId | formatId"></div>
```

过滤器在本质上是一个函数，所以需要在使用之前进行定义。可以由以下两种方式进行定义。

1. 组件中定义

可以在一个组件的选项中定义本地的过滤器。例如：

```
filters: {
 capitalize: function(value){
   if(!value)return ''
   value = value.toString()
   return value.charAt(0).toUpperCase()+ value.slice(1)
 }
}
```

2. 全局定义

可以在创建 Vue 实例之前全局定义过滤器。例如：

```
Vue.filter('capitalize', function(value){
 if(!value)return ''
 value = value.toString()
 return value.charAt(0).toUpperCase()+ value.slice(1)
})
```

当全局过滤器和局部过滤器重名时，会采用局部过滤器。

过滤器函数总接收表达式的值（之前的操作链的结果）作为第一个参数。在上述例子中，capitalize 过滤器函数会将收到的 message 值作为第一个参数。

过滤器可以串联，例如：

```
{{ message | filterA | filterB }}
```

在这个例子中，filterA 被定义为接收单个参数的过滤器函数，表达式 message 的值将作为参数传入函数中。然后继续调用同样被定义为接收单个参数的过滤器函数 filterB，将 filterA 的结果传递到 filterB 中。

过滤器是 JavaScript 函数，因此可以接收参数，其语法如下：

```
{{ message | filterA('arg1', arg2)}}
```

在这里，filterA 被定义为接收三个参数的过滤器函数。其中 message 的值作为第一个参数，普通字符串 "arg1" 作为第二个参数，表达式 arg2 的值作为第三个参数。

相关案例

购物车

按照本单元所涉及的知识面及知识点，作为下一步工作实施的参考案例，展示项目案例 "使用 computed 计算健康设备购物车数据" 的实施过程。

按照界面设计的实际项目开发过程，以下是项目从静态网页到 Vue 响应式网页设计的具体流程。

1. 项目构建

使用 Vue CLI >= 3 工具构建 Vue 项目，相关指令如下：

```
C:\Repositories\Vue>vue create learning_situation_7
```

构建成功后，使用 WebStorm 打开项目，项目结构如图 2-54 所示。

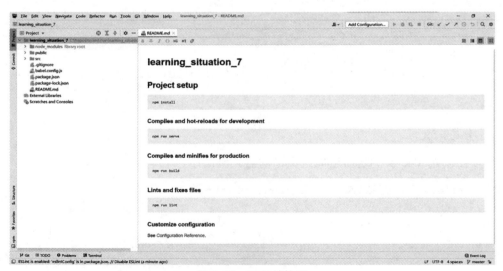

图 2-54　项目结构图

2. 确定界面样式

在正式开始 Vue 响应式网页设计之前，我们需要明确我们的网页设计效果，并构建静态页面。

针对本次的界面设计目标，我们从"齐家乐·智慧医养大数据公共服务平台"网站中选择智慧商城购物车列表页面作为本次的界面设计目标。

"齐家乐·智慧医养大数据公共服务平台"的智慧商城购物车列表页面效果如图 2-55 所示。

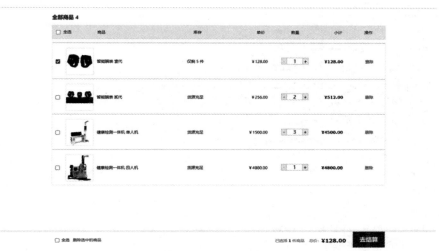

图 2-55　购物车页面效果图

3. 构建静态网页

根据目标确定的界面样式，编辑构建静态 HTML，并绑定原网页样式。

为了剔除未涉及的数据通信和简化展示效果，本次构建的静态网页中的数据源均为本地静态数据。

（1）构建静态 HTML

智慧商城购物车列表页面是一个独立且完整的功能界面，所以本次操作直接在 App.vue 中嵌入界面内容，并在项目启动后自动渲染显示。

首先将 App.vue 中所有不相关的内容清空，App.vue 结构如图 2-56 所示。

图 2-56　App.vue 结构

　　根据界面结构，分析可知：购物车界面分为上中下三部分，上面主要展示全部商品的数量和商品详情的表头描述信息；中间部分主要展示所有加入购物车的商品列表信息；下面部分则为总计和结算入口。根据分块内容特征，构建静态 HTML 代码到 template 中。

```html
<template>
  <div id="app" class="w">
    <div class="cart-filter-bar">
      <!-- 商品数量 -->
      <ul class="switch-cart">
        <li class="switch-cart-item">
          <a href="#none">
            <em>全部商品</em>
            <span class="number">4</span>
          </a>
        </li>
      </ul>
    </div>
    <div class="clr"></div>
    <!-- 头部信息 -->
    <div class="cart-thead">
      <div class="column t-checkbox">
        <div class="cart-checkbox">
          <input type="checkbox" name="select-all" class="jdcheckbox" clstag=
"pageclick|keycount|Shopcart_CheckAll|0">
        </div>
        全选
      </div>
      <div class="column t-goods">商品</div>
      <div class="column t-props">库存</div>
      <div class="column t-price">单价</div>
      <div class="column t-quantity">数量</div>
      <div class="column t-sum">小计</div>
      <div class="column t-action">操作</div>
    </div>
    <!-- 商品信息 -->
    <div class="cart-tbody">
      <div class="item-list">
        <div class="item-item " id="goods_0" data-sku="goods_0" data-ts=
"1615969417966"
             data-skuuuid="1165146113929047638678511616">
          ...
        </div>
      </div>
    </div>
  </div>
```

```
      <!-- 全选、结算 -->
      <div>
        <div style="padding-bottom: 52px;"></div>
        <div class="cart-floatbar cart-floatbar-fixed" style="position: fixed;
transform: translateZ(0px); top: auto; bottom: 0px;">
        div class="left">
          <div class="select-all">
            <input  type="checkbox"  class="jdcheckbox"  clstag="pageclick|
keycount|Shopcart_CheckAll|0">
            全选
          ...
        </div>
        <div class="clr"></div>
      </div>
</template>
```

（2）引入界面样式

根据网页显示效果和源代码得知，网页是由 9 个 CSS 文件和部分本地 CSS 样式渲染而成的，此处将 9 个 CSS 文件存放于 assets/css 文件夹；将背景图片下载并存放于 assets/image 文件夹中，并在 assets/css 文件夹下构建文件 cart.css，将本地 CSS 样式封装到 cart.css。文件结构如图 2-57 所示。

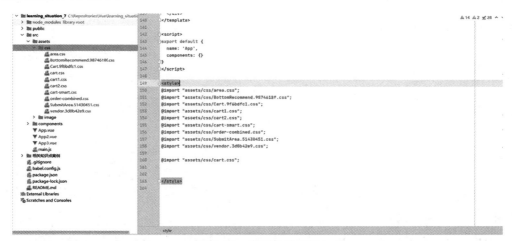

图 2-57　资源文件结构

接下来，只需要在 style 中引入即可：

```
<style>
@import "assets/css/area.css";
@import "assets/css/BottomRecommend.9874618f.css";
@import "assets/css/Cart.9f6bdfc1.css";
@import "assets/css/cart1.css";
@import "assets/css/cart2.css";
@import "assets/css/cart-smart.css";
```

```
@import "assets/css/order-combined.css";
@import "assets/css/SubmitArea.51430451.css";
@import "assets/css/vendor.3d0b42e9.css";

@import "assets/css/cart.css";


</style>
```

（3）启动项目

在 WebStorm 的 Terminal 中输入以下指令启动项目：

```
C:\Repositories\Vue\learning_situation_7>npm run serve

 App running at:
 - Local:   http://localhost:8080/
 - Network: http://192.168.13.31:8080/
```

通过浏览器访问：http://localhost:8080/。静态网页效果如图 2-58 所示。

图 2-58　静态页面效果图

4. 响应式网页设计

在明确网页效果并构建了静态界面原型之后，我们就可以使用 Vue 的模板语法、常用渲染指令、事件绑定、Class 与 Style 绑定、计算属性和过滤器等技术实现本次的智慧商城购物车列表页面响应式设计。

以下是使用 Vue 进行响应式界面设计的步骤。

（1）构建动态属性

在 script 导出的 data 对象中为所有购物车列表信息构建数据源和动态属性。

```
<script>
export default {
  name: 'App',
```

```
  data(){
    return {
      cart_goods: [
        {
          id: 'goods_0',
          name: '智能腕表 壹代',
          business: 'Hwadee',
          store: 5,
          price: 128.00,
          type: '穿戴设备',
          image: 'image/智能腕表.png',
          desc: '适用于家庭、养老机构房间、医院病房、康养地产房间、嵌入式养老房间等。',
          selected: true,
          select_num: 1,
          link_info: 'http://www.scqijiale.com/web/guest',
        },
        ...
      ],
    }
  },
</script>
```

在 data 中的 image 均引用自 assets/image 文件夹下的资源，Webpack 会在编译项目的时候编译本地资源，所以需要对图片引用地址进行处理。

在 export default 中添加 mounted 模块，添加如下指令将 assets 下的图片资源地址置换为编译后的地址：

```
mounted(){
  this.cart_goods = this.cart_goods.map(item => {
    item.image = require('./assets/' + item.image)
    return item
  });
},
```

（2）数据绑定

商品总数：

```
<em>全部商品</em>
<span class="number">{{ cart_goods.length }}</span>
```

商品信息：

```
<div v-for="(good,index)in cart_goods" :key="index" class="item-item ":id=
"good.id">
  <div class="item-form">
    <div class="cell p-checkbox">
```

```
            <div class="cart-checkbox">
            <input type="checkbox" name="checkItem" class="jdcheckbox" :value=
"index" v-model="good.selected"
                clstag="pageclick|keycount|Shopcart_CheckProd|0_100016799350">
            <span class="line-circle">
            </span>
            </div>
        </div>
        <div class="cell p-goods">
            <div class="goods-item">
            <div class="p-img ">
            <a :href="good.link_info" target="_blank" rel="noreferrer"
                :title="good.name">
                <img :alt="good.name" :src="good.image">
            </a>
            </div>
            <div class="p-msg">
            <div class="p-name">
                <a :href="good.link_info" target="_blank" rel="noreferrer"
                :title="good.name" clstag="pageclick|keycount|Shopcart_
Productid|100016799350_1">
                {{ good.name }}
                </a>
            </div>
            </div>
            </div>
        </div>
        <div class="cell p-props">
            <div class="props-txt">
            <span class="">{{ good.store > 10 ? '货源充足' : '仅剩 ' + good.store
+ ' 件' }}</span>
            </div>
        </div>
        <div class="cell p-price">
            <div class="props-txt"><span class="p-price-cont">￥{{ good.price }}
</span></div>
        </div>
        <div class="cell p-quantity">
            <div class="cart-number quantity props-txt">
            <button :disabled="good.select_num === 1" class="cart-number-dec
is-disabled" >
                <i class="cart-icon-subt"></i>
            </button>
            <div class="cart-input">
```

```
        <input  class="cart-input-o"  min="1"  :max="good.store"  v-model=
"good.select_num" >
        </div>
        <button :disabled="good.select_num === good.store" class="cart-
number-inc" >
          <i class="cart-icon-add"></i>
        </button>
      </div>
    </div>
    <div class="cell p-sum">
      <div class="props-txt">
        <span class="p-price-cont"><strong>¥{{ good.price * good.select_
num }}</strong></span>
      </div>
    </div>
    <div class="cell p-ops">
      <a  href="#none"  class="p-ops-item"  clstag="pageclick|keycount|
Shopcart_Delete|100016799350" >删除</a>
    </div>
  </div>
  <div class="item-line"></div>
</div>
```

（3）添加并绑定计算属性

在购物车列表页面中，选中后的商品数量、商品总价是通过其他元素的变化实时变更的，可以通过计算属性的方式绑定并设置。

添加计算属性：

```
computed: {
  selectedAllNum(){
    return this.cart_goods.reduce((preNum, good)=> preNum +(good.selected ?
good.select_num : 0), 0);
  },
  selectedAllPrice(){
    return  this.cart_goods.reduce((prePrice,  good)=>  prePrice  +(good.
selected ? good.select_num * good.price : 0), 0);
  },
},
```

绑定计算属性：

```
<div class="price-sum">
  <div>
    <div class="price-show">
      <span class="txt">总价:</span>
```

```
    <span class="price priceShow"><em>¥{{ selectedAllPrice | numFilter }}
</em></span>
    </div>
    <span class="amount-sum">已选择<em>{{ selectedAllNum }}</em>件商品</span>
    <br>
  </div>
</div>
```

全选状态根据所有商品选中状态的变更而变更，但对全选复选框进行选中或取消操作也会导致其他商品的选中状态的改变。可以通过对全选状态的绑定设置计算属性，并添加 setter 函数在复选框状态变更的同时切换商品选中状态。

添加计算属性：

```
isAllSelected: {
  get(){
    return this.cart_goods.every(good => good.selected)&& this.cart_goods.
length > 0
  },
  set(value){
    this.cart_goods.forEach(good => good.selected = value)
  }
}
```

绑定计算属性：

```
<div class="column t-checkbox">
  <div class="cart-checkbox">
    <input type="checkbox" name="select-all" class="jdcheckbox" clstag=
"pageclick|keycount|Shopcart_CheckAll|0"
        v-model="isAllSelected" :disabled="cart_goods.length === 0">
  </div>
  全选
</div>
```

```
<div class="select-all">
  <input type="checkbox" class="jdcheckbox" clstag="pageclick|keycount|
Shopcart_CheckAll|0"
        v-model="isAllSelected" :disabled="!cart_goods.length">
  全选
</div>
```

（4）事件绑定

在绑定了数据之后，观察列表页发现还需要为以下地方绑定事件：

- 添加数量、减少数量：单击"+"或"−"按钮添加或减少购买商品的数量。
- 数量输入数据校验：根据商品数量输入数据验证数量的有效性。

- 删除商品：单击每种商品后的"删除"按钮则从购物车列表中删除本商品。
- 删除选中的商品：删除所有选中状态的商品。
- 去结算：根据选中商品数据，提交订单，进入结算流程。

接下来以为"+"和"−"按钮添加事件绑定为例进行展示。

添加事件：

```
methods: {
  /* 商品数量 - 1 */
  select_num_sub(index){
    this.cart_goods[index].select_num = this.cart_goods[index].select_num -
1 || 1
  },
  /* 商品数量 + 1 */
  select_num_add(index){
    this.cart_goods[index].select_num = this.cart_goods[index].select_num <
this.cart_goods[index].store ?
      this.cart_goods[index].select_num + 1 :
      this.cart_goods[index].store
  },
}
```

事件绑定：

```
<button :disabled="good.select_num === 1" class="cart-number-dec is-disabled"
    @click="select_num_sub(index)">
  <i class="cart-icon-subt"></i>
</button>
<button :disabled="good.select_num === good.store" class="cart-number-inc"
    @click="select_num_add(index)">
  <i class="cart-icon-add"></i>
</button>
```

（5）添加过滤器

所有数据、事件绑定之后，页面展示与交互已完善，但是数据显示均为整数，和设计界面的价格数据保留两位小数不符。

我们可以通过定义和使用过滤器达到指定设计目标。

添加过滤器（组件形式）：

```
filters: {
  numFilter: function(value){
    // 截取当前数据到小数点后两位
    return parseFloat(value).toFixed(2)
  }
}
```

使用过滤器：

```
<div class="props-txt"><span class="p-price-cont"> ¥ {{ good.price |
numFilter }}</span></div>
```

```
<div class="props-txt">
  <span class="p-price-cont"><strong>¥{{ good.price * good.select_num |
numFilter }}</strong></span>
  </div>
```

```
<div>
  <div class="price-show">
    <span class="txt">总价:</span>
    <span class="price priceShow"><em> ¥ {{ selectedAllPrice |
numFilter }}</em></span>
  </div>
```

（6）响应式网页效果

购物车列表页面效果如图 2-59 所示。

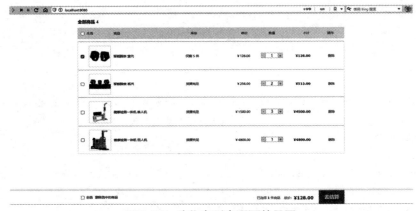

图 2-59　购物车列表页面效果图

全选状态如图 2-60 所示。

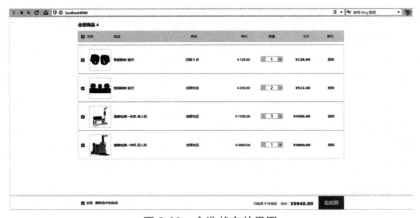

图 2-60　全选状态效果图

156

工作实施

按照制订的最佳方案实施计划进行项目开发，填充相应的工作流程内容。

评价反馈

各自完成学习情境的开发并展示作品，介绍任务的完成过程，作品展示前应准备阐述材料，并完成评价。

1. 学生进行自我评价（见表 2-16）。

表 2-16　学生自评表

班级：	姓名：		学号：	
学习情境	使用 computed 计算健康设备购物车数据			
评价项目	评价标准		分值	得分
方案制订	能根据技术能力快速、准确地制订工作方案		10	
环境准备	能正确、熟练地使用 npm 管理依赖环境		10	
项目构建	能正确、熟练地使用 Vue create 构建 Vue 项目		10	
响应式开发	能根据方案正确、熟练地进行响应式网页开发		35	
项目开发能力	根据项目开发进度及应用状态评定开发能力		20	
工作质量	根据项目开发过程及成果评定工作质量		15	
合　计			100	

2. 学生展示过程中，以个人为单位，对以上学习情境过程与结果进行互评（见表 2-17）。

表 2-17　学生互评表

学习情境		使用 computed 计算健康设备购物车数据										
评价项目	分值	等级							评价对象			
									1	2	3	4
计划合理	10	优	10	良	9	中	8	差	6			
方案准确	10	优	10	良	9	中	8	差	6			
工作质量	20	优	20	良	18	中	15	差	12			
工作效率	15	优	15	良	13	中	11	差	9			
工作完整	10	优	10	良	9	中	8	差	6			

（续表）

评价项目	分值	等级								评价对象			
										1	2	3	4
工作规范	10	优	10	良	9	中	8	差	6				
识读报告	10	优	10	良	9	中	8	差	6				
成果展示	15	优	15	良	13	中	11	差	9				
合计	100												

3. 教师对学生工作过程和工作结果进行评价（见表 2-18）。

表 2-18　教师综合评价表

班级：　　　　　　　　　姓名：　　　　　　　　　学号：

学习情境		使用 computed 计算健康设备购物车数据		
评价项目		评价标准	分值	得分
考勤（20%）		无无故迟到、早退、旷课现象	20	
工作过程（50%）	方案制订	能根据技术能力快速、准确地制订工作方案	5	
	环境准备	能正确、熟练地使用 npm 管理依赖环境	10	
	项目构建	能正确、熟练地使用 Vue create 构建 Vue 项目	5	
	响应式开发	能根据方案正确、熟练地进行响应式网页开发	20	
	工作态度	态度端正，工作认真、主动	5	
	职业素质	能做到安全、文明、合法，爱护环境	5	
项目成果（30%）	工作完整	能按时完成任务	5	
	工作质量	能按计划完成工作任务	15	
	识读报告	能正确识读并准备成果展示各项报告材料	5	
	成果展示	能准确表达、汇报工作成果	5	
合计			100	

拓展思考

1. 本案例中为何使用计算属性而不是侦听属性？
2. 本案例中 selectedAllNum 和 isAllSelected 属性有何不同？
3. 本案例中的过滤器还可以如何实现？

单元 3　Vue 组件化开发

组件化是指解耦复杂系统时将多个功能模块拆分、重组的过程，有多种属性、状态反映其内部特性。

组件化是一种高效的处理复杂应用系统、更好地明确功能模块作用的方式。

网页组件包含各种常用的界面组件，如表格、树、联动下拉框等，可轻松构造出令人耳目一新的、具有 RIA 特征的 Web 应用界面。可扩展的UI 数据层，可快速地与各种第三方的开发框架或应用整合。独树一帜的 Client 端/Server 端事件编程机制，充分保证 Web 界面的扩展性和灵活性。

概述

教学导航	知识重点	1. Vue框架的组件化开发思想和操作逻辑。 2. Vue Router 路由管理器的开发思想和操作逻辑。
	知识难点	组件和路由相关的使用。
	推荐教学方式	从学习情境入手，通过介绍及讲述Vue框架的组件化和Vue Router路由管理器开发的思想和操作逻辑，结合实际案例应用，演练并掌握组件化高效开发和路由导航式单页面应用网页设计。
	建议学时	12学时。
	推荐学习方法	将组件化和路由器开发的知识点拆分为小知识点，通过掌握每一个小知识点来掌握整体。
	必须掌握的理论知识	组件化和路由管理器开发的思想。
	必须掌握的技能	1. 通过Vue CLI构建Vue项目。 2. 实现组件化和路由导航式的网页设计开发。

学习情境 3.1　智慧医养首页 Banner 组件化开发

学习情境描述

1. 教学情境描述：通过介绍及讲述 Vue 框架的组件化开发思想和操作逻辑，结合实际案例应用，演练并掌握组件化高效开发单页面应用网页。

2. 关键知识点：组件注册、Prop、监听子组件事件、插槽、动态组件。

3. 关键技能点：组件注册、Prop、监听子组件事件、插槽。

学习目标

1. 理解 Vue 的组件化开发思想。
2. 掌握单文件组件结构。
3. 掌握组件注册。
4. 掌握组件间数据传递。
5. 掌握组件间事件定义与传递。
6. 掌握插槽的使用。
7. 了解掌握动态组件的使用。
8. 能根据实际网页设计需求，进行组件化网页设计开发。

任 务 书

1. 完成通过 Vue CLI 构建 Vue 项目。
2. 完成通过组件定义与注册进行结构化分离。
3. 完成通过 Prop 进行组件间数据传递。
4. 完成通过插槽动态组建页面结构。
5. 完成通过 Vue 实现组件化网页设计开发。

获取信息

引导问题 1：Vue 的组件化开发思想是什么？为什么要进行组件化开发？
_____
_____

引导问题 2：Vue 如何定义组件？组件如何注册使用？
_____
_____
_____

引导问题 3：组件间数据如何传递？
_____
_____
_____

引导问题 4：什么是插槽？如何使用插槽动态构建页面结构？
1. 什么是插槽？插槽的作用是什么？
_____
_____

2. 如何使用插槽构建动态页面结构？
_____
_____

引导问题 5：如何使用组件化开发构建动态网页？

_____

_____

工作计划

1. 制订工作方案（见表 3-1）。

根据获取的信息进行方案预演，选定目标，明确执行过程。

表 3-1　工作方案

步骤	工作内容
1	
2	
3	
4	

2. 写出此工作方案执行的动态表单网页设计原理。

_____

_____

_____

3. 列出工具清单（见表 3-2）。

列举出本次实施方案中所需要用到的软件工具。

表 3-2　工具清单

序号	名称	版本	备注

4. 列出技术清单（见表 3-3）。

列举出本次实施方案中所需要用到的软件技术。

表 3-3　技术清单

序号	名称	版本	备注

进行决策

1. 根据引导、构思、计划等，各自阐述自己的设计方案。
2. 对其他人的设计方案提出自己不同的看法。
3. 教师结合大家完成的情况进行点评，选出最佳方案，并写出最佳方案。

_____

_____

_____

知识准备

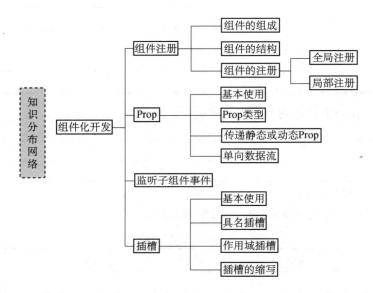

3.1.1 组件注册

组件是可复用的 Vue 实例，且带有一个名字。因为组件是可复用的 Vue 实例，所以它们与 Vue 对象接收相同的选项，如 data、computed、watch、methods 及生命周期钩子等。

组件的注册

1. 组件的组成

通常一个应用会以一棵嵌套的组件树的形式来组织，如图 3-1 所示。

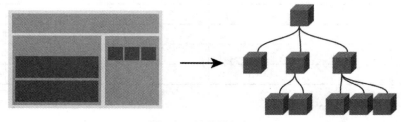

图 3-1　组件的组织

一个应用可能会有页头、侧边栏、内容区等组件，每个组件又包含了其他的像导航链接、博文之类的组件。

2. 组件的结构

在使用 Vue CLI 命令新构建的项目当中，会自动构建 2 个组件，分别是 App.vue 和 component/HelloWorld.vue。其中，App.vue 组件在 main.js 中引入作为单页面项目的入口，和 index.html 中的\<div id="app"\>\</div\>进行绑定。App.vue 和 HelloWorld.vue 的结构分别如图 3-2 和图 3-3 所示。

图 3-2　App.vue 组件结构

图 3-3　HelloWorld.vue 组件结构

可以看出，构建的组件对象结构分为三部分，分别是\<Template\>、\<script\>、\<style\>，它们的作用分别是：

- \<Template\>：构建此组件要渲染的网页结构，等同于 HTML。
- \<script\>：定义此组件页面响应的脚本代码，包含数据和事件，等同于 JavaScript。
- \<style\>：定义此组件中页面渲染的层叠样式，等同于 CSS。

3. 组件的注册

为了能在模板中使用，组件必须先注册以便 Vue 能够识别。这里有两种组件的注册类型：全局注册和局部注册。

（1）全局注册

全局注册的组件可以用在其被注册之后的任何新创建的 Vue 根实例中，也包括其组件树的所有子组件的模板中。其语法格式如下：

```
Vue.component('my-component-name', {
  // ... 选项 ...
})
```

例如，以下组件进行的是全局注册：

```
Vue.component('component-a', { /* ... */ })
Vue.component('component-b', { /* ... */ })
Vue.component('component-c', { /* ... */ })


new Vue({ el: '#app' })
```

这三个组件在各自内部也都可以相互使用。

```
<div id="app">
  <component-a></component-a>
  <component-b></component-b>
  <component-c></component-c>
</div>
```

（2）局部注册

全局注册往往是不够理想的。比如，如果你使用一个像 Webpack 这样的构建系统，全局注册所有的组件意味着即便你已经不再使用一个组件了，它仍然会被包含在你最终的构建结果中。这造成用户下载时 JavaScript 的无谓增加。

在这些情况下，你可以通过一个普通的 JavaScript 对象来定义组件：

```
var ComponentA = { /* ... */ }
var ComponentB = { /* ... */ }
var ComponentC = { /* ... */ }
```

然后在 components 选项中定义你想要使用的组件：

```
new Vue({
  el: '#app',
  components: {
    'component-a': ComponentA,
    'component-b': ComponentB
  }
})
```

对于 components 对象中的每个 property 来说，其 property 名就是自定义元素的名字，其 property 值就是这个组件的选项对象。

注意：局部注册的组件在其子组件中不可用。

在使用了诸如 babel 和 Webpack 的模块系统的情况下，推荐创建一个 components（使用 Vue CLI 构建的项目会自动创建此目录进行组件管理）目录，并将每个组件放置在其各自的文件中。然后你需要在局部注册之前导入每个你想使用的组件。

例如，在一个 ComponentB.vue 文件中引入 ComponentA 和 ComponentC：

```
import ComponentA from './ComponentA'
import ComponentC from './ComponentC'

export default {
  components: {
    ComponentA,
    ComponentC
  },
  // ...
}
```

现在 ComponentA 和 ComponentC 都可以在 ComponentB 的模板中使用了。

3.1.2　Prop

1. 基本使用

Prop 是可以在组件上注册的一些自定义 Attribute。当一个值传递给一个 Prop 属性的时候，它就变成了那个组件实例的一个属性。为了给博文组件传递一个标题，我们可以用一个 props 选项将其包含在该组件可接收的 Prop 列表中：

Prop

```
Vue.component('blog-post', {
  props: ['title'],
  template: '<h3>{{ title }}</h3>'
})
```

一个组件默认可以拥有任意数量的 Prop，任何值都可以传递给任何 Prop。在上述模板中，你会发现我们能够在组件实例中访问这个值，就像访问 data 中的值一样。

一个 Prop 被注册之后，你就可以像这样把数据作为一个自定义属性传递进来：

```
<blog-post title="My journey with Vue"></blog-post>
```

2. Prop 类型

默认情况下，Prop 接收属性时会自动匹配类型。但是，通常都希望每个 Prop 都有指定的值类型。这时，你可以以对象形式列出 Prop，这些属性的名称和值分别是 Prop 各自的名称和类型：

```
props: {
  title: String,
  likes: Number,
  isPublished: Boolean,
  commentIds: Array,
  author: Object,
  callback: Function,
  contactsPromise: Promise
}
```

这不仅为你的组件提供了文档，还会在它们遇到错误的类型时从浏览器的 JavaScript 控制台中提示用户。

Vue 支持的类型检查有 String、Number、Boolean、Array、Object、Date、Function、Symbol。

3. 传递静态或动态 Prop

在基础应用中我们使用指定属性名来传递静态数据，例如：

```
<blog-post title="My journey with Vue"></blog-post>
```

我们同样可以使用 v-bind 进行动态赋值，例如：

```
<!-- 动态赋予一个变量的值 -->
```

```
<blog-post v-bind:title="post.title"></blog-post>
```

4. 单向数据流

所有的 Prop 都使得其父子 Prop 之间形成了一个单向下行绑定：父级 Prop 的更新会向下流动到子组件中，但是反过来则不行。这样可以防止从子组件意外变更父级组件的状态，从而导致应用的数据流向难以理解。

另外，每次父级组件发生变更时，子组件中所有的 Prop 都将会刷新为最新的值。这意味着你不应该在一个子组件内部改变 Prop。

3.1.3 监听子组件事件

在我们开发组件时，它的一些功能可能要求和父级组件进行沟通。例如，我们可能会引入一个辅助功能来放大博文的字号，同时让页面的其他部分保持默认的字号。

可以通过在其父组件中添加一个 postFontSize 数据属性来支持这个功能：

监听子组件
事件

```
data: {
return {
posts: [/* ... */],
   postFontSize: 1
  }
}
```

它可以在模板中控制所有博文的字号：

```
<div id="blog-posts-events-demo">
  <div :style="{ fontSize: postFontSize + 'em' }">
    <blog-post
      v-bind:key="post.id"
      v-bind:post="post"
    ></blog-post>
  </div>
</div>
```

现在在每篇博文的正文之前添加一个按钮来放大字号：

```
<div class="blog-post">
 <h3>{{ post.title }}</h3>
 <button> Enlarge text </button>
 <div v-html="post.content"></div>
</div>
```

当单击这个按钮时，需要告诉父级组件放大所有博文的文本大小。在 Vue 中提供了一个自定义事件的系统来解决这个问题，父级组件可以像处理 native DOM 事件一样通过 v-on 监听子组件实例的任意事件：

```
<blog-post v-bind:key="post.id" v-bind:post="post"
```

```
  v-on:enlarge-text="postFontSize += 0.1"
></blog-post>
```

子组件可以通过调用内建的 $emit 方法并传入事件名称来触发一个事件:

```
<button v-on:click="$emit('enlarge-text')">
  Enlarge text
</button>
```

有了这个 v-on：enlarge-text="postFontSize += 0.1"监听器, 父级组件就会接收该事件并更新 postFontSize 的值。

有的时候触发一个事件需要传递相关参数, 这时可以使用 $emit 的第 2 至第 N 个参数来提供这些值。比如动态切换变大字体的幅度（此处设置为 0.2）：

```
<button v-on:click="$emit('enlarge-text', 0.2)">
  Enlarge text
</button>
```

然后在父级组件监听这个事件的时候, 我们可以通过 $event 访问到被抛出的这个值:

```
<blog-post
  ...
  v-on:enlarge-text="postFontSize += $event"
></blog-post>
```

如果这个事件处理函数是一个方法, 那么这个值将会作为第一个参数传入这个方法:

```
<blog-post
  ...
  v-on:enlarge-text="onEnlargeText"
></blog-post>

methods: {
  onEnlargeText: function(enlargeAmount){
    this.postFontSize += enlargeAmount
  }
}
```

3.1.4　插槽

1. 基本使用

Vue 实现了一套内容分发的 API, 将<slot>元素作为承载分发内容的出口。
插槽允许像这样合成组件:

插槽

```
<navigation-link url="/profile">
  Your Profile
</navigation-link>
```

在组件<navigation-link>的模板中可能会这样合成组件：

```
<a v-bind:href="url" class="nav-link">
  <slot>后备插槽</slot>
</a>
```

当组件渲染的时候，如果<navigation-link>中有内容，则<slot></slot>将会被替换；如果 <navigation-link> 中没有内容，则<slot></slot>将会被替换为"后备插槽"。

插槽内可以包含任何模板代码，包括 HTML：

```
<navigation-link url="/profile">
  <!-- 添加一个 Font Awesome 图标 -->
  <span class="fa fa-user"></span>
  Your Profile
</navigation-link>
```

甚至其他的组件：

```
<navigation-link url="/profile">
  <!-- 添加一个图标的组件 -->
  <font-awesome-icon name="user"></font-awesome-icon>
  Your Profile
</navigation-link>
```

如果<navigation-link>的 template 中没有包含一个<slot>元素，则该组件起始标签和结束标签之间的任何内容都会被抛弃。

2. 具名插槽

有时组件需要多个插槽。例如，一个带有如下模板的<base-layout>组件：

```
<div class="container">
  <header>
    <!-- 我们希望把页头放这里 -->
  </header>
  <main>
    <!-- 我们希望把主要内容放这里 -->
  </main>
  <footer>
    <!-- 我们希望把页脚放这里 -->
  </footer>
</div>
```

对于这样的情况，<slot>元素有一个特殊的属性 name。这个属性可以用来定义额外的插槽，一个不带 name 的<slot>出口会带有隐含的名字"default"。

```
<div class="container">
  <header>
    <slot name="header"></slot>
```

```
  </header>
  <main>
    <slot></slot>
  </main>
  <footer>
    <slot name="footer"></slot>
  </footer>
</div>
```

在向具名插槽提供内容的时候，我们可以在一个<template>元素上使用 v-slot 指令，并以 v-slot 的参数的形式提供其名称。<template>元素中的所有内容都将会被传入相应的插槽。任何没有被包裹在带有 v-slot 的<template>中的内容都会被视为默认插槽的内容，也可以使用 default 明确指定。

```
<base-layout>
  <template v-slot:header>
    <h1>Here might be a page title</h1>
  </template>

  <p>A paragraph for the main content.</p>
  <p>And another one.</p>

  <template v-slot:footer>
    <p>Here's some contact info</p>
  </template>
</base-layout>
```

渲染的结果是：

```
<div class="container">
  <header>
    <h1>Here might be a page title</h1>
  </header>
  <main>
    <p>A paragraph for the main content.</p>
    <p>And another one.</p>
  </main>
  <footer>
    <p>Here's some contact info</p>
  </footer>
</div>
```

3. 作用域插槽

有时让插槽内容能够访问子组件中才有的数据是很有用的。例如，设想一个带有如下模板的<current-user>组件：

```
<span>
  <slot>{{ user.lastName }}</slot>
</span>
```

如果要换掉备用内容，用名而非姓来显示，如下所示：

```
<current-user>
  {{ user.firstName }}
</current-user>
```

然而上述代码不会正常工作，因为只有<current-user>组件可以访问到 user，而我们提供的内容是在父级渲染的。这是编译作用域的局限性。

为了让 user 在父级的插槽内容中可用，我们可以将 user 作为<slot>元素的一个属性进行绑定：

```
<span>
  <slot v-bind:user="user">
    {{ user.lastName }}
  </slot>
</span>
```

绑定在<slot>元素上的属性被称为插槽 Prop。现在在父级作用域中，我们可以使用带值的 v-slot 来定义我们提供的插槽 Prop 的名字：

```
<current-user>
  <template v-slot:default="slotProps">
    {{ slotProps.user.firstName }}
  </template>
</current-user>
```

4. 插槽的缩写

跟 v-on 和 v-bind 一样，v-slot 也有缩写，即把参数之前的所有内容（v-slot：）替换为字符"#"。例如，v-slot：header 可以被重写为 #header。

然而，和其他指令一样，该缩写只在其有参数的时候才可用。

```
<base-layout>
  <template #header>
    <h1>Here might be a page title</h1>
  </template>

  <p>A paragraph for the main content.</p>
  <p>And another one.</p>

  <template #footer>
    <p>Here's some contact info</p>
  </template>
</base-layout>
```

相关案例

Banner 组件化
开发

按照本单元所涉及的知识面及知识点，作为下一步工作实施的参考案例，展示项目案例"智慧医养首页 Banner 组件化开发"的实施过程。

按照界面设计的实际项目开发过程，以下是项目组件化开发的具体流程。

1. 项目构建

使用 Vue CLI >= 3 工具构建 Vue 项目，相关指令如下：

```
C:\Repositories\Vue>vue create learning_situation_8
```

构建成功后，使用 WebStorm 打开项目，项目结构如图 3-4 所示。

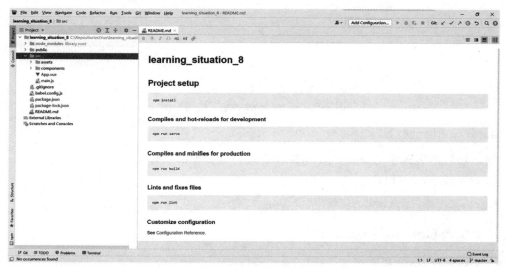

图 3-4　项目结构图

2. 确定界面样式

在正式开始 Vue 响应式网页设计之前，我们需要明确我们的网页设计效果，并构建静态页面。

针对本次的界面设计目标，我们从"齐家乐·智慧医养大数据公共服务平台"网站中选择智慧医养首页 Banner 作为单组件设计开发目标。

"齐家乐·智慧医养大数据公共服务平台"的智慧医养首页 Banner 效果如图 3-5 所示。

图 3-5　智慧医养首页 Banner 效果图

171

3. 构建组件

本次实践操作是以单组件作为网页单元结构的，所以需要先构建 Banner 组件，再进行内容构建。

在 learning_situation_8/src/components 上右击，在快捷菜单中选择"New"→"Vue Component"，并指定新构建的组件名为 SlideShow.vue。文件结构如图 3-6 所示。

```
<template>

</template>

<script>
export default {
  name: "SlideShow"
}
</script>

<style scoped>

</style>
```

图 3-6　SlideShow.vue 文档结构图

4. 引入 Element UI

因本项目中引入了 Element UI 组件，所以需要提前准备环境。

（1）安装 Element UI：

```
C:\Repositories\Vue\learning_situation_8> npm i element-ui -S
```

（2）引入 Element UI（main.js）：

```
import Vue from 'vue'
import ElementUI from 'element-ui';
import 'element-ui/lib/theme-chalk/index.css';
import App from './App.vue'

Vue.use(ElementUI);
```

5. 构建网页结构

根据目标确定的界面样式，在<template>中编辑构建静态 HTML 结构：

```
<template>
  <div class="content">
    <div class="banner">
      <el-carousel height="27.04167rem">
        <el-carousel-item >
          <a :href="#"><img :src="#" :alt="#"></a>


          <slot></slot>
```

```
      </el-carousel-item>
    </el-carousel>
  </div>
  </div>
</template>
```

6. 响应式网页

在<template>中构建网页结构之后，需要在<script>中添加响应式数据集和渲染。

此 Banner 组件会被首页引用，所有的展示图片及链路地址均由外界配置导入，所以使用 Prop 进行数据传输：

```
<script>
export default {
  name: "SlideShow",
  props: {
    banners: {
      type: Array,
      required: true,
      defaultValue: [],
    }
  },
}
</script>
```

定义了数据结构之后，需要在<template>中进行动态渲染：

```
<el-carousel-item v-for="(item,index)in banners" :key="index">
  <a :href="item.url"><img :src="item.image" :alt="item.name"></a>
  <slot></slot>
</el-carousel-item>
```

7. 引入界面样式

网页渲染需要部分 CSS 样式，经设计审查，CSS 样式由 2 个外置样式文件定义，均存放于 assert/css 文件夹下，分别是 common.less、banner.less。

需要在<style>中引入：

```
<style scoped>
@import "../assets/css/common.less";

@import "../assets/css/banner.less";
</style>
```

8. 构建搜索悬浮框

在每一幅 Banner 图上，均有一个搜索悬浮框用来提供定位搜索功能，接下来可参照 SlideShow.vue 组件定义方式定义 SearchManager.vue 组件。

（1）构建组件

右击组件，在菜单中选择构建 Vue Component，并命名为 SearchManager.vue。

（2）<template>

```
<template>
  <!-- 搜索框 -->
  <el-tabs type="border-card" v-model="activeName" @tab-click="handleClick">
    <el-tab-pane v-for="(type,index)in types" :key="index" :label="type.name" :name="type.name">
      <div class="search-io">
        <input type="text" class="search-input" placeholder="请输入关键字查询" @keyup.enter="querySearch(index)"
               v-model="searchWord">
        <img src="../assets/image/SlideShow/search.png" alt="根据关键字查询数据" class="search-btn" @click="querySearch(index)">
      </div>
    </el-tab-pane>
  </el-tabs>
</template>
```

（3）<script>

```
<script>
export default {
  name: "SearchManager",
  props: {
    types: {
      type: Array,
      required: true,
      defaultValue: []
    },
  },
  data(){
    return {
      activeName: '',
      searchWord: ''
    }
  },
  methods: {
    handleClick: function(event){
      this.activeName = event.name
    },
    querySearch: function(index){
      this.$emit('search', index, this.searchWord)
    }
```

```
  },
  mounted(){
    this.activeName = this.types.length > 0 ? this.types[0].name : ''
  }
}
</script>
```

（4）\<style\>

```
<style scoped>
@import "../assets/css/common.less";

@import "../assets/css/banner.less";
</style>
```

9. 注册组件

需要在使用之前对组件进行注册。本次组件使用在首页，所以直接注册在 App.vue 中：

```
<script>
import SlideShow from "@/components/SlideShow";
import SearchManager from "@/components/SearchManager";

export default {
  name: 'App',
  components: {
    SlideShow,
    SearchManager
  },
}
</script>
```

10. 使用组件

在此之前需要为组件的数据与事件进行定义：

```
<script>
export default {
  data(){
    return {
      banners: [
        {
          id: 'banner_0',
          name: 'banner_0',
          image: require('./assets/image/SlideShow/banner.jpg'),
          url: ''
        },
        ...
```

```
      ],
      types: [
        {
          id: 'type_0',
          name: '医疗机构',
        },
        ...
      ],
      routers: ['/MedicalOrg', '/YanglaoOrg', '/ServiceOrg', '/WenlvOrg']
    }
  },
  methods: {
    searchByWord: function(index, word){
      alert(index + '\t\n' + word)

      //TODO 进行分类界面跳转并处理搜索逻辑
      this.$router.push({
        path: this.routers[index],
        query: {
          name: this.routers[index].name,
          word: word
        }
      })
    }
  }
}
</script>
```

在 App.vue 的<template>中使用组件:

```
<template>
  <div id="app">
    <SlideShow :banners="banners">
      <SearchManager @search="searchByWord" :types="types"></SearchManager>
    </SlideShow>
  </div>
</template>
```

11. 启动项目

在 WebStorm 的 Terminal 中输入以下指令启动项目:

```
C:\Repositories\Vue\learning_situation_8>npm run serve

  App running at:
  - Local:   http://localhost:8080/
```

```
- Network: http://192.168.13.31:8080/
```

通过浏览器访问 http://localhost:8080/。静态网页效果如图 3-7 所示。

图 3-7　Banner 组件效果图

工作实施

按照制订的最佳方案实施计划进行项目开发，填充相应的工作流程内容。

评价反馈

各自完成学习情境的开发并展示作品，介绍任务的完成过程，作品展示前应准备阐述材料，并完成评价。

1. 学生进行自我评价（见表 3-4）。

表 3-4　学生自评表

班级：	姓名：	学号：		
学习情境	智慧医养首页 Banner 组件化开发			
评价项目	评价标准		分值	得分
方案制订	能根据技术能力快速、准确地制订工作方案		10	
环境准备	能正确、熟练地使用 npm 管理依赖环境		10	
项目构建	能正确、熟练地使用 Vue create 构建 Vue 项目		10	
组件化开发	能根据方案正确、熟练地进行组件化开发		35	
项目开发能力	根据项目开发进度及应用状态评定开发能力		20	
工作质量	根据项目开发过程及成果评定工作质量		15	
合计			100	

2. 学生展示过程中，以个人为单位，对以上学习情境过程与结果进行互评（见表 3-5）。

表 3-5　学生互评表

学习情境		智慧医养首页 Banner 组件化开发									
评价项目	分值	等级							评价对象			
									1	2	3	4
计划合理	10	优	10	良	9	中	8	差	6				
方案准确	10	优	10	良	9	中	8	差	6				
工作质量	20	优	20	良	18	中	15	差	12				
工作效率	15	优	15	良	13	中	11	差	9				
工作完整	10	优	10	良	9	中	8	差	6				
工作规范	10	优	10	良	9	中	8	差	6				
识读报告	10	优	10	良	9	中	8	差	6				
成果展示	15	优	15	良	13	中	11	差	9				
合计	100											

3. 教师对学生工作过程和工作结果进行评价（见表 3-6）。

表 3-6　教师综合评价表

班级：　　　　　　　　姓名：　　　　　　　　学号：

学习情境		智慧医养首页 Banner 组件化开发		
评价项目		评价标准	分值	得分
考勤（20%）		无无故迟到、早退、旷课现象	20	
工作过程（50%）	方案制订	能根据技术能力快速、准确地制订工作方案	5	
	环境准备	能正确、熟练地使用 npm 管理依赖环境	10	
	项目构建	能正确、熟练地使用 vue create 构建 Vue 项目	5	
	组件化开发	能根据方案正确、熟练地进行组件化开发	20	
	工作态度	态度端正，工作认真、主动	5	
	职业素质	能做到安全、文明、合法，爱护环境	5	
项目成果（30%）	工作完整	能按时完成任务	5	
	工作质量	能按计划完成工作任务	15	
	识读报告	能正确识读并准备成果展示各项报告材料	5	
	成果展示	能准确表达、汇报工作成果	5	
合计			100	

拓展思考

1. 本案例中的 SearchManager.vue 为什么要从 SlideShow.vue 中拆分出来？
2. SlideShow.vue 和 SearchManager.vue 是如何通信的？
3. 使用组件化开发思想构思智慧医养首页可以如何拆分组件？

学习情境 3.2　使用 Vue Router 组件化开发智慧医养导航

学习情境描述

1. 教学情境描述：通过介绍及讲述 Vue Router 路由管理器开发的思想和操作逻辑，结合实际案例应用，演练并掌握路由导航式单页面应用网页设计。
2. 关键知识点：动态路由匹配、嵌套路由、命名路由、命名视图、嵌套路由、路由元信息。
3. 关键技能点：Vue Router 安装、路由配置、编程式导航。

学习目标

1. 理解 Vue Router 路由管理器的开发思想。
2. 掌握 Vue Router 的环境安装。
3. 掌握 Vue Router 命名路由和视图配置的使用。
4. 掌握 Vue Router 路由重定向和别名的配置。
5. 掌握 Vue Router 动态路由匹配的使用。
6. 掌握 Vue Router 嵌套路由配置的使用。
7. 掌握路由的元信息配置和调用。
8. 掌握 Vue Router 编程式导航的使用。
9. 能根据实际网页设计需求，进行路由导航式网页设计开发。

任 务 书

1. 完成通过 Vue CLI 构建 Vue 项目。
2. 完成通过 npm 安装 Vue Router 路由管理器插件。
3. 完成通过 routes 配置路由和视图。
4. 完成通过<router-link>动态匹配路由。
5. 完成通过<router-view>渲染路由组件。
6. 完成通过 children 配置嵌套路由。
7. 完成通过 meta 定义路由元信息。
8. 完成通过 router 对象进行编程式导航。
9. 完成通过 Vue Router 实现路由导航式网页设计开发。

获取信息

引导问题 1：Vue Router 路由管理器是什么？为什么要进行路由导航式开发？

_____

_____

引导问题 2：如何构建 Vue Router 插件？

_____

引导问题 3：Vue Router 如何定义路由？如何切换并响应路由？

_____

_____

引导问题 4：如何进行编程式的动态导航切换 Router？

_____

_____

工作计划

1. 制订工作方案（见表 3-7）。

根据获取的信息进行方案预演，选定目标，明确执行过程。

表 3-7　工作方案

步骤	工作内容
1	
2	
3	
4	

2. 写出此工作方案执行的动态表单网页设计原理。

_____

_____

3. 列出工具清单（见表 3-8）。

列举出本次实施方案中所需要用到的软件工具。

表 3-8　工具清单

序号	名称	版本	备注

4. 列出技术清单（见表 3-9）。

列举出本次实施方案中所需要用到的软件技术。

表 3-9　技术清单

序号	名称	版本	备注

进行决策

1. 根据引导、构思、计划等，各自阐述自己的设计方案。
2. 对其他人的设计方案提出自己不同的看法。
3. 教师结合大家完成的情况进行点评，选出最佳方案，并写出最佳方案。

_____

_____

_____

知识准备

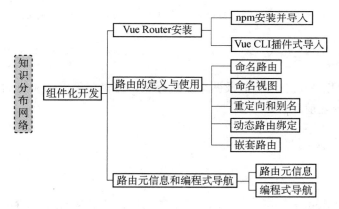

3.2.1　Vue Router 安装

Vue Router 是 Vue.js 官方的路由管理器。它和 Vue.js 的核心深度集成，让构建单页面应用变得易如反掌。其包含的功能有：

- 嵌套的路由/视图表。
- 模块化的、基于组件的路由配置。
- 路由参数、查询、通配符。
- 基于 Vue.js 过渡系统的视图过渡效果。
- 细粒度的导航控制。
- 带有自动激活的 CSS class 的链接。
- HTML5 历史模式或 hash 模式，在 IE9 中自动降级。

Router 安装

- 自定义的滚动条行为。

Vue Router 属于 Vue.js 的路由导航插件，可以通过以下 3 种方式引入：

- 下载 vue-router.js 并导入。
- npm 安装并导入。
- Vue CLI 插件式导入。

以下分别介绍以 npm 和 Vue CLI 的方式安装配置。

1. npm 安装并导入

使用 npm 进行 Vue Router 插件安装。以下是安装命令：

```
npm install vue-router
```

在一个模块化工程中使用它，必须要通过 Vue.use()明确地安装路由功能。在 Vue 项目中 main.js 的配置如下：

```
import Vue from 'vue'
import VueRouter from 'vue-router'


Vue.use(VueRouter)
```

2. Vue CLI 插件式导入

对于正在使用 Vue CLI 构建的项目，可以以项目插件的形式添加 Vue Router。以下是相关命令：

```
vue add router
```

注意：CLI 可以生成上述代码及两个示例路由，它也会覆盖 App.vue，因此请确保在项目中运行以上命令之前备份这个文件。

3.2.2 路由的定义与使用

1. 命名路由

用 Vue.js+Vue Router 创建单页应用，感觉很自然：使用 Vue.js，我们已经可以通过组合组件来组成应用程序，当我们要把 Vue Router 添加进来时，需要做的是将组件（components）映射到路由（routes），然后告诉 Vue Router 在哪里渲染它们。

Router 定义与使用

在实际通过路由切换组件之前，需要为路由和组件进行绑定并定义路由。

通过一个名称来标识一个路由显得更方便一些，特别是在链接一个路由，或者是执行一些跳转的时候。你可以在创建 Router 实例的时候，在 routes 配置中给某个路由设置名称。

定义一个路由"/user"映射并渲染组件 User，routes 定义方式如下：

```
const router = new VueRouter({
  routes: [
    {
      path: '/user',
      name: 'user',
```

```
    component: User
  }
 ]
})
```

想要链接到一个命名路由，可以给<router-link>的 to 属性传递一个对象：

```
<router-link :to="{ name: 'user'}">User</router-link>
```

也可以传递一个字段，默认的是 path 属性值：

```
<router-link :to="/user">User</router-link>
或
<router-link :to="{ path: '/user' }">User</router-link>
```

<router-link> 指定了当前路由切换地址（组件）后，就可以使用<router-view>进行自动渲染。

例 3-1：使用 Vue CLI 工具构建 Vue Router 路由导航项目，并在主页完成导航切换。

（1）构建 Vue 项目

使用指令构建 Vue 项目：

```
vue create case_4_1
```

（2）引入 vue-router.js

使用 vue 指令添加 Vue Router 插件：

```
vue add router
```

脚本执行之后会在文件夹 src 下自动构建 router 和 views 文件夹，并自动构建组件 About.vue、Home.vue，并将组件映射路由配置在 router/index.js 中，项目结构如图 3-8 所示。

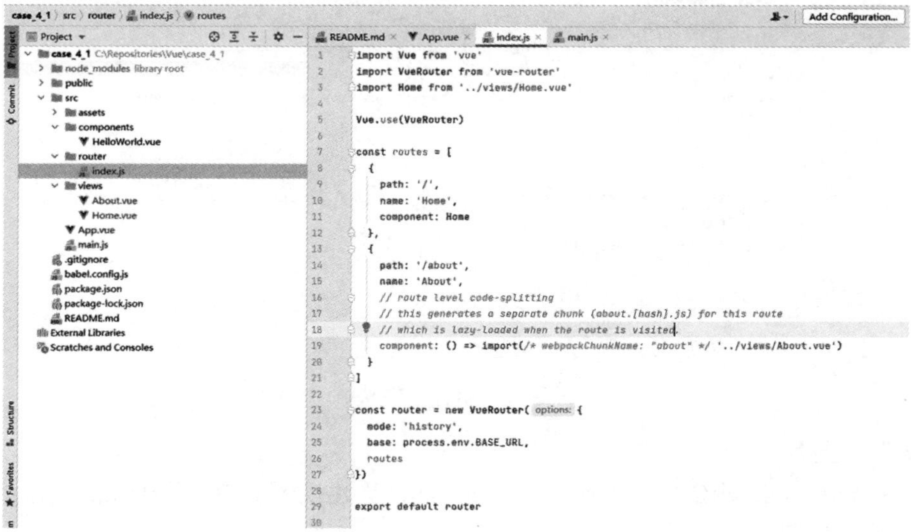

图 3-8　添加 vue-router.js 项目结构图

（3）定义 Vue Router

在使用脚本添加 vue-router.js 时已自动配置了 Vue Router 的引用和组件映射，引用位于 main.js 中。全局引用 Vue Router 如图 3-9 所示。

```
main.js ×
1    import Vue from 'vue'
2    import App from './App.vue'
3    import router from './router'
4
5    Vue.config.productionTip = false
6
7    new Vue({
8      router,
9      render: h => h(App)
10   }).$mount( elementOrSelector: '#app')
11
```

图 3-9　全局引用 Vue Router

组件映射位于 router/index.js 中，如图 3-10 所示。

```
main.js ×    index.js ×
1    import Vue from 'vue'
2    import VueRouter from 'vue-router'
3    import Home from '../views/Home.vue'
4
5    Vue.use(VueRouter)
6
7    const routes = [
8      {
9        path: '/',
10       name: 'Home',
11       component: Home
12     },
13     {
14       path: '/about',
15       name: 'About',
16       // route level code-splitting
17       // this generates a separate chunk (about.[hash].js) for this route
18       // which is lazy-loaded when the route is visited.
19       component: () => import(/* webpackChunkName: "about" */ '../views/About.vue')
20     }
21   ]
22
23   const router = new VueRouter( options: {
24     mode: 'history',
25     base: process.env.BASE_URL,
26     routes
27   })
28
29   export default router
```

图 3-10　组件路由映射

（4）构建导航

使用<router-link>构建导航，使用<router-view>构建视图渲染，位于 App.vue 中。路由的引用与渲染如图 3-11 所示。

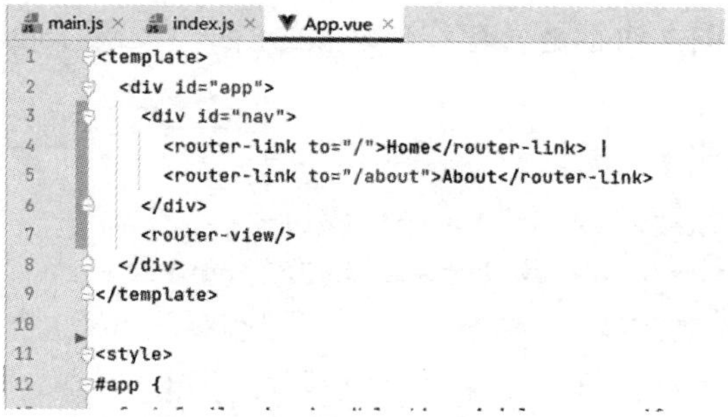

图 3-11　路由的引用与渲染

（5）运行启动

使用脚本运行项目，并查看效果，脚本如下：

```
npm run serve
```

启动后的效果如图 3-12、图 3-13 所示。

图 3-12　<router-link to="/">

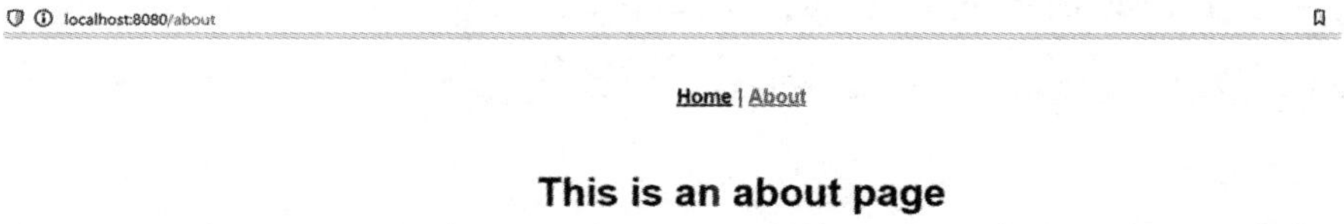

图 3-13　<router-link to="/about">

2. 命名视图

当想同时（同级）展示多个视图，而不是嵌套展示时，如创建一个布局，有 sidebar（侧导航）和 main（主内容）两个视图，可以使用命名视图指定渲染位置。我们可以在界面中拥有多个单独命名的视图，而不是只有一个单独的出口。如果 router-view 没有设置名字，那么将默认为 default。

视图命名定义方式如下：

```
<router-view class="view one"></router-view>
<router-view class="view two" name="a"></router-view>
<router-view class="view three" name="b"></router-view>
```

一个视图使用一个组件渲染，因此对于同个路由，多个视图就需要多个组件。确保正确使用 components 配置，如下所示：

```
{
  path: '/',
  components: {
    default: Foo,
    a: Bar,
    b: Baz
  }
}
```

3. 重定向和别名

（1）重定向

重定向的意思是：当用户访问/a 时，URL 将会被替换成/b，然后匹配路由为/b。

重定向也是通过 routes 配置来完成的，比如从/a 重定向到/b：

```
{ path: '/a', redirect: '/b' }
```

重定向的目标也可以是一个命名的路由，甚至是一个方法。

```
{ path: '/a', redirect: { name: 'foo' }}
```

（2）别名

别名的意思是：/a 的别名是/b，意味着当用户访问/b 时，URL 会保持为/b，但是路由匹配则为/a，就像用户访问/a 一样。

别名的功能让你可以自由地将 UI 结构映射到任意的 URL，而不是受限于配置的嵌套路由结构。

别名也是通过 routes 配置来完成的，比如为/a 定义别名为/b：

```
{ path: '/a', component: A, alias: '/b' }
```

4. 动态路由绑定

我们经常需要把某种模式匹配到的所有路由，全都映射到同个组件。例如，我们有一个 User 组件，对于所有 ID 各不相同的用户，都要使用这个组件来渲染。那么，我们可以在 vue-router 的路由路径中使用"动态路径参数"（Dynamic Segment）来达到这个效果：

```
const User = {
  template: '<div>User</div>'
```

```
}

const router = new VueRouter({
  routes: [
    // 动态路径参数  以冒号开头
    { path: '/user/:id', component: User }
  ]
})
```

现在/user/foo 和 /user/bar 都将映射到相同的路由。

一个"路径参数"使用冒号"："标记。当匹配到一个路由时，参数值会被设置到 this. $route.params，可以在每个组件内使用。于是，我们可以更新 User 的模板，输出当前用户的 ID：

```
const User = {
  template: '<div>User {{ $route.params.id }}</div>'
}
```

可以在一个路由中设置多段"路径参数"，对应的值都会设置到$route.params 中，如表 3-10 所示。

表 3-10　router 路径参数

模式	匹配路径	$route.params
/user/:username	/user/evan	{ username: 'evan' }
/user/:username/post/:post_id	/user/evan/post/123	{ username: 'evan', post_id: '123' }

有时候，同一个路径可以匹配多个路由，此时，匹配的优先级就按照路由的定义顺序确定：路由定义得越早，优先级就越高。

5. 嵌套路由

实际生活中的应用界面通常由多层嵌套的组件组合而成。同样地，URL 中各段动态路径也按某种结构对应嵌套的各层组件，如图 3-14 所示。

图 3-14　嵌套路由样式分析

借助 Vue Router，使用嵌套路由配置，就可以很简单地表达这种关系。

要在嵌套的出口中渲染组件，需要在 Vue Router 的参数中使用 children 配置：

```
routes: [
  {
```

```
    path: '/user/:id',
    component: User,
    children: [
      {
        // 当 /user/:id/profile 匹配成功,
        // UserProfile 会被渲染在 User 的 <router-view> 中
        path: 'profile',
        component: UserProfile
      },
      {
        // 当 /user/:id/posts 匹配成功
        // UserPosts 会被渲染在 User 的 <router-view> 中
        path: 'posts',
        component: UserPosts
      }
    ]
  }
]
```

其中组件分别是：

● App.vue：

```
<div id="app">
  <router-view></router-view>
</div>
```

● User.vue：

```
<div class="user">
  <h2>User {{ $route.params.id }}</h2>
  <router-view></router-view>
</div>
```

    children 配置就是像 routes 配置一样的路由配置数组，所以可以嵌套多层路由。

    此时，基于上面的配置，当访问/user/foo 时，User 的出口只会渲染 h2 标签内容；访问/user/foo/profile 时会在 User 的出口渲染 UserProfile 组件内容；访问/user/foo/posts 时会在 User 的出口渲染 UserPosts 组件内容。

3.2.3　路由元信息和编程式导航

1. 路由元信息

定义路由的时候可以配置 meta 字段，比如：

路由元信息与
编程式导航

```
routes: [
  {
    path: '/foo',
```

```
    component: Foo,
    children: [
      {
        path: 'bar',
        component: Bar,
        meta: { requiresAuth: true }
      }
    ]
  }
]
```

我们称呼 routes 配置中的每个路由对象为路由记录。路由记录可以是嵌套的，因此，当一个路由匹配成功后，它可能匹配多个路由记录。

一个路由匹配到的所有路由记录会暴露为$route 对象的$route.matched 数组。因此，我们可以遍历$route.matched 来获取所有相关的 meta 字段；也可以通过指定属性名获取对应 meta 字段值，比如：

```
this.$route.meta.requiresAuth
```

2. 编程式导航

除了使用<router-link>创建 a 标签来定义导航链接，我们还可以借助 router 的实例方法，通过编写代码来实现。

在 Vue.js 的 API 中，编程式导航主要有以下 3 个函数，接下来分别介绍。

（1）push

API 语法如下：

```
router.push(location, onComplete?, onAbort?)
```

注意：在 Vue 实例内部，你可以通过$router 访问路由实例。因此你可以调用 this.$router.push。

如果想要导航到不同的 URL，则可以使用 router.push 方法。这个方法会向 history 栈添加一个新的记录，所以，当用户单击浏览器的后退按钮时，就会回到之前的 URL。

当你单击<router-link>时，这个方法会在内部调用，所以，单击<router-link：to="...">等同于调用 router.push(...)。

该方法的参数可以是一个字符串路径，也可以是一个描述地址的对象。例如：

```
// 字符串
router.push('home')

// 对象
router.push({ path: 'home' })

// 命名的路由
router.push({ name: 'user', params: { userId: '123' }})
```

```
// 带查询参数,变成 /register?plan=private
router.push({ path: 'register', query: { plan: 'private' }})
```

注意：如果提供了 path，则 params 会被忽略。

（2）replace

API 语法如下：

```
router.replace(location, onComplete?, onAbort?)
```

它跟 router.push 很像，唯一的不同就是，它不会向 history 添加新记录，而是跟它的方法名一样，替换掉当前的 history 记录。

（3）go

API 语法如下：

```
router.go(n)
```

这个方法的参数是一个整数，意思是在 history 记录中向前或者后退多少步，类似 window.history.go（n）。比如：

```
// 在浏览器记录中前进一步,等同于 history.forward()
router.go(1)

// 后退一步记录,等同于 history.back()
router.go(-1)

// 前进 3 步记录
router.go(3)

// 如果 history 记录不够用,那就会失败
router.go(-100)
router.go(100)
```

相关案例

导航组件开发

按照本单元所涉及的知识面及知识点，作为下一步工作实施的参考案例，展示项目案例"智慧医养首页路由导航组件化开发"的实施过程。

按照界面设计的实际项目开发过程，以下是项目组件化开发的具体流程。

1. 项目构建

使用 Vue CLI>=3 工具构建 Vue 项目，相关指令如下：

```
C:\Repositories\Vue>vue create learning_situation_9
```

构建成功后，使用 WebStorm 打开项目。

2. 确定界面样式

在正式开始 Vue 响应式网页设计之前，我们需要明确网页的设计效果，并构建页面。

针对本次的界面设计目标，我们从"齐家乐·智慧医养大数据公共服务平台"网站中选择智慧医养首页路由导航作为单组件设计开发目标。

"齐家乐·智慧医养大数据公共服务平台"的智慧医养首页路由导航效果如图 3-15 所示。

图 3-15　智慧医养首页路由导航效果图

3. 添加 Vue Router

使用 vue 指令添加 Vue Router 插件：

```
C:\Repositories\Vue>learning_situation_9>vue add router
```

脚本执行之后会在文件夹 src 下自动构建 router 和 views 文件夹，并自动构建组件 About.vue、Home.vue，并将组件映射路由配置在 router/index.js 中。

4. 构建组件

本次实践操作是以单组件作为网页单元结构的，所以需要先构建导航组件及其页面展示组件。组件构建项目结构如图 3-16 所示。

图 3-16　组件构建项目结构图

其中展示导航组件 GuideMenu.vue 对应展示组件见如下代码：

```
<template>
  <div class="Header">
    <div class="header-content">
```

```
      <div class="header-list">
        <ul>
          <li  v-for="(nav,index)in  navs"  :key="index"  :class="{active:
$route.path===nav.path}"
              @click="$router.push({path:nav.path});">
            {{ nav.name }}
          </li>
        </ul>
      </div>
    </div>
  </div>
</template>

<script>
export default {
  name: "GuideMenu",
  props: {
    navs: Array
  },
}
</script>

<style scoped>
@import "../assets/css/GuideMenu/guide_menu.css";
</style>
```

5. 配置路由映射

路由映射配置文件位于 src/router/index.js，代码如下：

```
import Vue from 'vue'
import VueRouter from 'vue-router'
import Home from '../views/Home.vue'
import MedicalOrg from '../views/MedicalOrg'
import YanglaoOrg from "@/views/YanglaoOrg";
import ServiceOrg from "@/views/ServiceOrg";
import WenlvOrg from "@/views/WenlvOrg";
import ZhongyaoIndustry from "@/views/ZhongyaoIndustry";
import KangyangIndustry from "@/views/KangyangIndustry";
import MapQuery from "@/views/MapQuery";
import PoliceAdvice from "@/views/PoliceAdvice";


Vue.use(VueRouter)


const routes = [
```

```
    {
        path: '/',
        component: Home,
        meta: {
            name: '首页',
            image: require('../assets/image/Router/logo.png')
        }
    },
    {
        path: '/home',
        name: 'Home',
        redirect: '/'
    },
    {
        path: '/medicalOrg',
        component: MedicalOrg,
        meta: {
            name: '医疗机构',
            image: require('../assets/image/Router/yiliao.jpg')
        }
    },
    ...
]

const router = new VueRouter({
    mode: 'history',
    base: process.env.BASE_URL,
    routes
})

export default router
```

6. 构建初始化数据和链路引用

首页内容在 App.vue 中引入链路导航，并传递初始化数据。

App.vue：

```
<template>
  <div id="app">
    <GuideMenu :navs="navs"/>
    <router-view/>
  </div>
</template>

<style>
```

```
@import "assets/css/common.less";

</style>

<script>
import GuideMenu from "@/components/GuideMenu";

export default {
  components: {GuideMenu},
  data(){
    return {
      navs: [
        {
          path: '/',
          name: '首页',
        },
        {
          path: '/medicalOrg',
          name: '医疗机构',
        },
        ...
      ]
    }
  },
}
</script>
```

7. 启动项目

在 WebStorm 的 Terminal 中输入以下指令启动项目:

```
C:\Repositories\Vue\learning_situation_9>npm run serve

  App running at:
  - Local:   http://localhost:8080/
  - Network: http://192.168.13.31:8080/
```

通过浏览器访问 http://localhost:8080/。静态网页效果如图 3-12 所示。

工作实施

按照制订的最佳方案实施计划进行项目开发,填充相应的工作流程内容。

评价反馈

各自完成学习情境的开发并展示作品，介绍任务的完成过程，作品展示前应准备阐述材料，并完成评价。

1. 学生进行自我评价（见表 3-11）。

表 3-11 学生自评表

班级：　　　　　　　　姓名：　　　　　　　　学号：

学习情境	使用 Vue Router 组件化开发智慧医养导航		
评价项目	评价标准	分值	得分
方案制订	能根据技术能力快速、准确地制订工作方案	10	
环境准备	能正确、熟练地使用 npm 管理依赖环境	10	
项目构建	能正确、熟练地使用 Vue create 构建 Vue 项目	10	
组件化开发	能根据方案正确、熟练地进行路由导航组件化开发	35	
项目开发能力	根据项目开发进度及应用状态评定开发能力	20	
工作质量	根据项目开发过程及成果评定工作质量	15	
合计		100	

2. 学生展示过程中，以个人为单位，对以上学习情境过程与结果进行互评（见表 3-12）。

表 3-12 学生互评表

学习情境		使用 Vue Router 组件化开发智慧医养导航										
评价项目	分值	等级							评价对象			
									1	2	3	4
计划合理	10	优	10	良	9	中	8	差	6			
方案准确	10	优	10	良	9	中	8	差	6			
工作质量	20	优	20	良	18	中	15	差	12			
工作效率	15	优	15	良	13	中	11	差	9			
工作完整	10	优	10	良	9	中	8	差	6			
工作规范	10	优	10	良	9	中	8	差	6			
识读报告	10	优	10	良	9	中	8	差	6			
成果展示	15	优	15	良	13	中	11	差	9			
合计	100											

3. 教师对学生工作过程和工作结果进行评价（见表 3-13）。

表 3-13　教师综合评价表

班级：　　　　　　　　姓名：　　　　　　　　学号：

学习情境		使用 Vue Router 组件化开发智慧医养导航		
评价项目		评价标准	分值	得分
考勤（20%）		无无故迟到、早退、旷课现象	20	
工作过程（50%）	方案制订	能根据技术能力快速、准确地制订工作方案	5	
	环境准备	能正确、熟练地使用 npm 管理依赖环境	10	
	项目构建	能正确、熟练地使用 Vue create 构建 Vue 项目	5	
	组件化开发	能正确、熟练地进行路由导航组件化开发	20	
	工作态度	态度端正，工作认真、主动	5	
	职业素质	能做到安全、文明、合法，爱护环境	5	
项目成果（30%）	工作完整	能按时完成任务	5	
	工作质量	能按计划完成工作任务	15	
	识读报告	能正确识读并准备成果展示各项报告材料	5	
	成果展示	能准确表达、汇报工作成果	5	
合计			100	

拓展思考

1. 你觉得哪些网页可以应用路由导航式组件开发？

2. components 和 views 下的组件定义有何不同？为何需要区分开来？

3. 本次案例中的 Vue Router 插件环境还可以使用哪种方式引入？

单元 4　网页交互与数据通信

交互设计是定义、设计人造系统行为的设计领域，它定义了两个或多个互动的个体之间交流的内容和结构，使之互相配合，共同达成某种目的。交互设计努力去创造和建立的是人与产品及服务之间有意义的关系，以"在充满社会复杂性的物质世界中嵌入信息技术"为中心。交互系统设计的目标可以从"可用性"和"用户体验"两个层面上进行分析，关注以人为本的用户需求。

概述

交互式网站主体设计页面制作使用 JavaScript 脚本语言、页面、Flash 工具，可以构成多彩的网页。

数据通信是通信技术和计算机技术相结合而产生的一种新的通信方式。要在两地间传输信息就必须要有传输信道，根据传输媒介的不同，有有线数据通信与无线数据通信之分。但它们都是通过传输信道将数据终端与计算机联结起来的，使不同地点的数据终端实现软、硬件和信息资源的共享。

教学导航	知识重点	1. Vue事件绑定页面交互的开发思想和操作逻辑。 2. Axios网络数据交互的开发思想和操作逻辑。
	知识难点	Vue-Resource和Axios的使用。
	推荐教学方式	从学习情境入手，通过介绍及讲述Vue 事件绑定和Axios网络数据交互，学习交互式网页开发思想和操作逻辑，结合实际案例应用，演练并掌握网络通信业务逻辑设计。
	建议学时	10学时。
	推荐学习方法	Vue事件绑定和Axios 网络数据开发的交互页面还需要使用JavaScript脚本语言、Flash等技术，所以要全面学习并掌握页面开发的技能。
	必须掌握的理论知识	Vue事件绑定页面交互和Axios网络数据交互开发的相关思想。
	必须掌握的技能	1. Vue-Resource 安装与环境搭建。 2. Vue-Resource HTTP GET/POST 请求及响应。 3. Axios安装与环境搭建。 4. Axios HTTP请求及响应。

学习情境 4.1　使用 Vue–Resource 完成智慧医养用户注册

学习情境描述

1. 教学情境描述：通过介绍及讲述 Vue 事件绑定页面交互与 Axios 网络数据交互学习

相关网络编程的开发思想和操作逻辑，结合实际案例应用，演练并掌握网络通信业务的逻辑设计。

Vue-Resource

2. 关键知识点：Vue-Resource 框架介绍和特点、Vue-Resource HTTP 请求和响应、Vue-Resource Rest API。

3. 关键技能点：Vue-Resource 安装与环境搭建、Vue-Resource HTTP GET/POST 请求及响应。

学习目标

1. 理解 Vue 网络通信的开发思想和通信原理。
2. 了解 Vue-Resource 的特点。
3. 掌握 Vue-Resource 的安装与环境搭建。
4. 掌握 Vue-Resource HTTP GET/POST 请求及响应。
5. 掌握 Vue-Resource Rest API。
6. 能根据实际网页交互式设计需求，进行网络通信网页交互开发。

任 务 书

1. 完成通过 npm 构建 Vue-Resource 环境与安装。
2. 完成通过 Vue CLI 构建 Vue 项目并配置 Vue-Resource 环境。
3. 完成通过 Vue-Resource HTTP GET/POST 发起请求并获取数据响应。
4. 完成通过 Vue-Resource 实现网络通信网页交互式开发。

获取信息

引导问题 1：网页交互式开发是什么？什么是网络通信？

_____

_____

引导问题 2：Vue 如何进行网络通信？可以使用什么框架进行通信？

_____

_____

_____

引导问题 3：网络通信的原理是什么？

_____

_____

_____

引导问题 4：Vue-Resource 如何进行网络通信？有哪些方式？

_____

_____

工作计划

1. 制订工作方案（见表 4-1）。

根据获取的信息进行方案预演，选定目标，明确执行过程。

表 4-1　工作方案

步骤	工作内容
1	
2	
3	
4	

2. 写出此工作方案执行的动态表单网页设计原理。

3. 列出工具清单（见表 4-2）。

列举出本次实施方案中所需要用到的软件工具。

表 4-2　工具清单

序号	名称	版本	备注

4. 列出技术清单（见表 4-3）。

列举出本次实施方案中所需要用到的软件技术。

表 4-3　技术清单

序号	名称	版本	备注

进行决策

1. 根据引导、构思、计划等，各自阐述自己的设计方案。
2. 对其他人的设计方案提出自己不同的看法。
3. 教师结合大家完成的情况进行点评，选出最佳方案，并写出最佳方案。

_____

_____

_____

知识准备

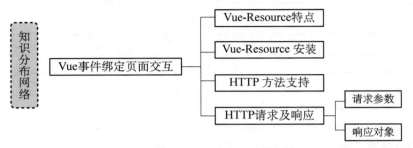

Vue-Resource 是 Vue.js 的一款插件，它可以通过 XMLHttpRequest 或 JSONP 发起请求并处理响应。Vue-Resource 可以实现 JQuery.ajax 的响应功能，另外 Vue-Resource 还提供了非常有用的 inteceptor 功能，使用 inteceptor 可以在请求前和请求后附加一些行为。

1. Vue-Resource 特点

Vue-Resource 插件具有以下特点：

- 体积小：Vue-Resource 非常小巧，压缩文件仅 14KB，gzip 文件仅 5.3KB。
- 支持 Promise API 和 URI Templates。
- 支持拦截器。
- 支持 Vue 1.0 和 Vue 2.0。
- 支持主流的浏览器：Firefox、Chrome、Safari、Opera 和 IE9+。

2. Vue-Resource 安装

可以使用 yarn 或者 npm 工具安装 Vue-Resource，相关指令如下：

```
$ yarn add vue-resource
$ npm install vue-resource
```

也可以使用外置（或云端 CDN）文件引用，地址如下：

```
<script src="https://cdn.jsdelivr.net/npm/vue-resource@1.5.3"></script>
```

3. HTTP 方法支持

Vue-Resource 的请求 API 是按照 REST 风格设计的，提供以下 7 种请求 API：get(url, [config])、head(url, [config])、delete(url, [config])、jsonp(url, [config])、post(url, [body], [config])、put(url, [body], [config])、patch(url, [body], [config])。

除了 jsonp，另外 6 种 API 是标准的 HTTP 方法。当服务端使用 REST API 时，客户端的编码风格和服务端的编码风格近乎一致，这可以减少前端和后端开发人员的沟通成本。

4. HTTP 请求及响应

引入 Vue-Resource 后，可以基于全局的 Vue 对象使用 http（Vue.http），也可以基于某个 Vue 实例使用 http（this.$http）。

Vue 实例提供 this.$http 服务，可发送 HTTP 请求。请求方法呼叫返回一个包裹了响应对象的 Promise 对象，并在 Vue 实例中自动绑定所有功能回调。

基础语法如下：

```
// 基于全局 Vue 对象使用 http
Vue.http.get('/someUrl', [options]).then(successCallback, errorCallback);
Vue.http.post('/someUrl', [body], [options]).then(successCallback,
errorCallback);

// 在一个 Vue 实例内使用 $http
this.$http.get('/someUrl', [options]).then(successCallback, errorCallback);
this.$http.post('/someUrl', [body], [options]).then(successCallback,
errorCallback);
```

在发送请求后，使用 then 方法来处理响应结果，then 方法有两个参数，第一个参数是响应成功时的回调函数，第二个参数是响应失败时的回调函数。

then 方法的回调函数也有两种写法，第一种是传统的函数写法，第二种是更为简洁的 ES 6 的 Lambda 写法，如下所示：

```
// 传统写法
this.$http.get('/someUrl', [options]).then(function(response){
  // 响应成功回调
}, function(response){
  // 响应错误回调
});
// Lambda 写法
this.$http.get('/someUrl', [options]).then((response)=> {
  // 响应成功回调
},(response)=> {
  // 响应错误回调
});
```

（1）请求参数

请求参数如表 4-4 所示。

表 4-4 请求参数

参数	类型	描述
url	string	请求的 URL
body	Object，FormData，string	请求发送的数据
headers	Object	请求 Header 信息

（续表）

参数	类型	描述
params	Object	请求的 URL 参数对象
method	string	请求的 HTTP 方法，如 GET、POST
responseType	string	响应数据的对象类型
timeout	number	请求超时时间（毫秒级）
credentials	boolean	表示跨域请求时是否需要使用凭证
emulateHTTP	boolean	发送 PUT、PATCH、DELETE 请求时以 HTTP POST 的方式发送，并设置请求头为 X-HTTP-Method-Override
emulateJSON	boolean	将 request body 以 application/x-www-form-urlencoded content type 发送
before	function（request）	请求发送前的处理函数
uploadProgress	function（event）	在数据上传过程中的处理函数
downloadProgress	function（event）	在数据下载过程中的处理函数

（2）响应对象

发起一次请求可以获取到一份响应对象，response 对象包含如表 4-5 所示的属性。

表 4-5　响应对象属性

参数	类型	描述
url	string	网页相应地址 URL
body	Object，Blob，string	响应实体
headers	Header	响应 Header 对象
ok	boolean	响应状态码，介于 200～299，状态为正常
status	number	响应状态码
statusText	string	响应状态描述文本
Method	Type	描述
text()	Promise	以 string 形式返回 response body
json()	Promise	以 JSON 对象形式返回 response body
blob()	Promise	以二进制形式返回 response body

基于 HTTP 的请求与响应写法样例如下：

```
{
  // POST /someUrl
  this.$http.post('/someUrl', {foo: 'bar'}).then(response => {

    // get status
    response.status;

    // get status text
    response.statusText;

    // get 'Expires' header
```

```
    response.headers.get('Expires');

    // get body data
    this.someData = response.body;


  }, response => {
  // error callback
  });
}
```

相关案例

　　按照本单元所涉及的知识面及知识点，作为下一步工作实施的参考案例，展示项目案例"智慧医养用户注册"的实施过程。

　　按照界面设计的实际项目开发过程，以下是项目组件化开发的具体流程。

注册界面

1. 项目构建

　　此项目是基于 learning_situation_5 的基础，将静态数据切换为网络通信实时数据，并进行网页交互和数据通信。所以将 learning_situation_5 导入并修改项目名称为 learning_situation_10 即可。

　　构建成功后，使用 WebStorm 打开项目，项目结构如图 4-1 所示。

图 4-1　项目结构图

2. 定义动态数据接口

　　为了将静态数据实时动态化，需要构建后台服务项目，并定义数据接口，如表 4-6 所示是部分初始化数据接口。

表 4-6　动态数据接口

地址	数据	描述
/commons/cities	"data": [{"id": 7, "name": "成都市", "type": 1, "level": 2, "parentId": 6}]	获取市级列表数据
/commons/nations	"data": [{"id": 227, "name": "汉族", "type": 2, "level": 0, "parentId": -1}]	获取民族列表数据
/commons/politicses	"data": [{"id": 284, "name": "预备党员", "type": 3, "level": 0, "parentId": -1}]	获取政治面貌列表数据
/commons/genders	"data": [{"id": 298, "name": "男", "type": 4, "level": 0, "parentId": -1}]	获取性别列表数据
/commons/{cityId}/areas	"data": [{"id": 162, "name": "市辖区", "type": 1, "level": 3, "parentId": 7}]	获取对应市级下的区域列表数据

3. 引入 Vue-Resource

要引入 Vue-Resource，需要先安装插件，运行以下指令：

```
C:\Repositories\Vue\learning_situation_10>npm install vue-resource
```

在项目中引入 Vue-Resource 还需要在 main.js 中定义：

```
import Vue from 'vue'
import VueResource from 'vue-resource'

Vue.use(VueResource)
```

4. 清空静态源数据

页面中的原始静态数据需要实时变更，故在页面构建之初的数据应置空，以下是需要调整的数据对象：

```
cityList: [],
areaList: [],
nationList: [],
politicsList: [],
genderList: [],
```

5. 预加载初始化数据

在<script>中添加函数 mounted，添加预处理期间的网络交互操作，获取网络列表数据，包括城市列表数据、民族列表数据、政治面貌列表数据和性别列表数据。

以获取城市列表数据为例进行展示：

```
this.$http
    .get('http://localhost:80/commons/cities')
    .then(response => {
        this.cityList = response.data.data != null && response.data.data.
length > 0 ? response.data.data : []
    }
    );
```

6. 处理级联区域列表数据

因区域列表数据与市级数据关联，所以应在市级选择框选中之后再切换区域数据列表，属于触发性函数，在 methods 模块中变更 changeCity()：

```
changeCity(){
  this.$http
    .get(`http://localhost:80/commons/${this.cityId}/areas`)
    .then(response => {
        this.areaList = response.data.data != null && response.data.data.
length > 0 ? response.data.data : []
      }
  )
  this.areaId = -1
},
```

7. 定义交互式数据接口

在注册界面中有多处数据输入，其中部分数据需要进行唯一校验，如身份证号；数据校验无误后，单击"注册"按钮，需要传递数据及请求到后台服务器并进行用户注册操作。所以需要为项目定义部分交互式数据接口，如表 4-7 所示。

表 4-7　交互式数据接口

地址	参数	数据	描述
/user/validate_idcard	idcard	{"code": 0, "message": "该身份证号码已注册，请切换账号操作", "data": null}	验证身份证的有效及唯一性
/user/register	cityId，areaId，idcard，name，phone，email，gender，nationId，politicsId，birthday，password	{"code": 200, "message": null, "data": null}	用户注册

8. 添加交互

修改函数 validate_idcard，添加网络校验功能：

```
validate_idcard(){
    ...略

    if(lastChar === mappingLastChar[yushu]){
      this.errorMsgs.idcard = ''

      /*验证当前身份证号是否已注册用户,避免重复注册*/
      this.$http
        .get('http://localhost:80/user/validate_idcard',
          {
            idcard: this.idcard
          })
```

```
        .then(response => {
            if(response.data.code !== 200){
              this.errorMsgs.idcard = response.data.message
              return false
            }
        },
        response => {
          this.errorMsgs.idcard = response.error
          return false
        }
      )
    return true;
  }

  this.errorMsgs.idcard = '身份证号码格式错误!'
  return false;
},
```

修改函数 register，添加网络交互功能：

```
register(){
    // 验证数据有效性
    ...略

    this.$http
      .post('http://localhost:80/user/register',
        {
          cityId: this.cityId,
          areaId: this.areaId,
          idcard: this.idcard,
          name: this.name,
          phone: this.phone,
          email: this.email,
          gender: this.genderId,
          nationId: this.nationId,
          politicsId: this.politicsId,
          birthday: this.birthday,
          password: this.password,
        })
      .then(response => {
          if(response.data.code !== 200){
            this.errorMsgs.register = response.data.message
```

```
              alert(`注册失败,${response.data.message}`)
              return false
            }

            alert("用户注册成功")
          },
          response => {
            this.errorMsgs.register = response.error
            alert(`注册失败,${response.error}`)
            return false
          }
        )
      }
    },
```

9. 启动项目

在 WebStorm 的 Terminal 中输入以下指令启动项目：

```
C:\Repositories\Vue\learning_situation_10>npm run serve

  App running at:
  - Local:   http://localhost:8080/
  - Network: http://192.168.13.31:8080/
```

通过浏览器访问 http://localhost:8080/。

工作实施

按照制订的最佳方案实施计划进行项目开发，填充相应的工作流程内容。

评价反馈

各自完成学习情境的开发并展示作品，介绍任务的完成过程，作品展示前应准备阐述
材料，并完成评价。

1. 学生进行自我评价（见表 4-8）。

表 4-8　学生自评表

班级：　　　　　　　　　姓名：　　　　　　　　　学号：

学习情境	使用 Vue-Resource 完成智慧医养用户注册		
评价项目	评价标准	分值	得分
方案制订	能根据技术能力快速、准确地制订工作方案	10	
环境准备	能正确、熟练地使用 npm 管理依赖环境	10	
项目构建	能正确导入并修改已有 Vue 项目	10	
组件化开发	能根据方案正确、熟练地进行网络交互式开发	35	
项目开发能力	根据项目开发进度及应用状态评定开发能力	20	
工作质量	根据项目开发过程及成果评定工作质量	15	
合计		100	

2. 学生展示过程中，以个人为单位，对以上学习情境过程与结果进行互评（见表 4-9）。

表 4-9　学生互评表

学习情境		使用 Vue-Resource 完成智慧医养用户注册									
评价项目	分值	等级							评价对象			
									1	2	3	4
计划合理	10	优	10	良	9	中	8	差	6				
方案准确	10	优	10	良	9	中	8	差	6				
工作质量	20	优	20	良	18	中	15	差	12				
工作效率	15	优	15	良	13	中	11	差	9				
工作完整	10	优	10	良	9	中	8	差	6				
工作规范	10	优	10	良	9	中	8	差	6				
识读报告	10	优	10	良	9	中	8	差	6				
成果展示	15	优	15	良	13	中	11	差	9				
合计	100												

3. 教师对学生工作过程和工作结果进行评价（见表 4-10）。

表 4-10　教师综合评价表

班级：　　　　　　　　　姓名：　　　　　　　　　学号：

学习情境		使用 Vue-Resource 完成智慧医养用户注册		
评价项目		评价标准	分值	得分
考勤（20%）		无无故迟到、早退、旷课现象	20	
工作过程（50%）	方案制订	能根据技术能力快速、准确地制订工作方案	5	
	环境准备	能正确、熟练地使用 npm 管理依赖环境	10	
	项目构建	能正确导入并修改已有 Vue 项目	5	
	组件化开发	能根据方案正确、熟练地进行网络交互式开发	20	
	工作态度	态度端正，工作认真、主动	5	
	职业素质	能做到安全、文明、合法，爱护环境	5	

评价项目		评价标准	分值	得分
项目 成果 （30%）	工作完整	能按时完成任务	5	
	工作质量	能按计划完成工作任务	15	
	识读报告	能正确识读并准备成果展示各项报告材料	5	
	成果展示	能准确表达、汇报工作成果	5	
合计			100	

拓展思考

1. Vue-Resource 的请求方式有几种？
2. Vue-Resource 不同 REST API 的参数是否相同？若不同，有何不同？
3. Vue-Resource 如何定义请求配置？

学习情境 4.2 使用 Axios 实时展示智慧医养首页数据

学习情境描述

1. 教学情境描述：通过介绍及讲述 Vue 事件绑定和 Axios 网络数据交互学习交互式网页开发编程思想和操作逻辑，结合实际案例应用，演练并掌握通过 Axios 进行网络通信业务逻辑设计。

2. 关键知识点：Axios 框架介绍和特点、Axios HTTP 请求和响应、Axios 多请求、Axios 请求配置、Axios API。

3. 关键技能点：Axios 安装与环境搭建、Axios HTTP 请求及响应。

学习目标

1. 理解 Vue 网络通信开发思想和通信原理。
2. 了解 Axios 特点。
3. 掌握 Axios 安装与环境搭建。
4. 掌握 Axios Rest API。
5. 掌握 Axios Http GET/POST 请求及响应。
6. 能根据实际网页交互式设计需求，进行网络通信网页交互开发。

任 务 书

1. 完成通过 npm 构建 Axios 环境与安装。
2. 完成通过 Vue CLI 构建 Vue 项目并配置 Axios 环境。

3. 完成通过 Axios Http GET/POST 发起请求并获取数据响应。

4. 完成通过 Axios 实现网络通信网页交互式开发。

获取信息

引导问题 1：Axios 网络交互原理是什么？

_____

_____

引导问题 2：Axios 如何进行网络通信？有哪些方式？

_____

_____

_____

工作计划

1. 制订工作方案（见表 4-11）。

根据获取的信息进行方案预演，选定目标，明确执行过程。

表 4-11　工作方案

步骤	工作内容
1	
2	
3	
4	

2. 写出此工作方案执行的动态表单网页设计原理。

_____

_____

_____

3. 列出工具清单（见表 4-12）。

列举出本次实施方案中所需要用到的软件工具。

表 4-12　工具清单

序号	名称	版本	备注

4. 列出技术清单（见表 4-13）。

列举出本次实施方案中所需要用到的软件技术。

表 4-13　技术清单

序号	名称	版本	备注

进行决策

1. 根据引导、构思、计划等，各自阐述自己的设计方案。
2. 对其他人的设计方案提出自己不同的看法。
3. 教师结合大家完成的情况进行点评，选出最佳方案，并写出最佳方案。

_____

_____

_____

知识准备

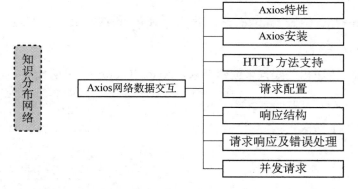

Axios 是一个基于 Promise 的网络请求库，作用于 Node.js 和浏览器中。在服务端，它使用原生 Node.js HTTP 模块，而在客户端（浏览端）则使用 XMLHttpRequests。

Vue 2.0 之后就不再对 Vue-Resource 更新，而是推荐使用 Axios。基于 promise 的 HTTP 请求客户端可同时在浏览器和 Node.js 中使用。

1. Axios 特性

Axios 插件具有以下特性：

● 从浏览器创建 XMLHttpRequests。
● 从 Node.js 创建 HTTP 请求。
● 支持 Promise API。
● 拦截请求和响应。
● 转换请求和响应数据。

Axios

- 取消请求。
- 自动转换 JSON 数据。
- 客户端支持防御 XSRF。

2. Axios 安装

可以使用 npm、bower、yarn 工具安装 Axios，或者使用 jsDelivr CDN、unpkg CDN 资源引入。

npm 安装指令如下：

```
npm install axios
```

bower 安装指令如下：

```
bower install axios
```

yarn 安装指令如下：

```
yarn add axios
```

也可以使用 jsDelivr CDN 资源引用，地址如下：

```
<script src="https://cdn.jsdelivr.net/npm/axios/dist/axios.min.js"></script>
```

还可以使用 unpkg CDN 资源引用，地址如下：

```
<script src="https://unpkg.com/axios/dist/axios.min.js"></script>
```

3. HTTP 方法支持

可以向 Axios 传递相关配置来创建请求，Axios（config）语法如下：

```
axios(url[, config])
```

发起一个 POST 请求：

```
axios({
  method: 'post',
  url: '/user/12345',
  data: {
    firstName: 'Fred'
  }
});
```

发起一个 GET 请求：

```
axios({
  method: 'get',
  url: 'http://bit.ly/2mTM3nY',
  responseType: 'stream'
})
```

为了方便起见，已经为所有支持的请求方法提供了别名，分别对应不同的请求方式：

- axios.request(config)。
- axios.get(url[, config])。
- axios.delete(url[, config])。
- axios.head(url[, config])。
- axios.options(url[, config])。
- axios.post(url[, data[, config]])。
- axios.put(url[, data[, config]])。
- axios.patch(url[, data[, config]])。

4. 请求配置

以下是创建请求时可以用的配置选项，只有 url 是必需的。如果没有指定 method，则请求将默认使用 GET 方法。

```
{
  // `url` 是用于请求的服务器 URL
  url: '/user',

  // `method` 是创建请求时使用的方法
  method: 'get', // 默认值

  // `baseURL` 将自动加在 `url` 前面,除非 `url` 是一个绝对 URL
  // 它可以设置一个 `baseURL` 以便于为 axios 实例的方法传递相对 URL
  baseURL: 'https://some-domain.com/api/',

  // `transformRequest` 允许在向服务器发送前,修改请求数据
  // 它只能用于 'PUT', 'POST' 和 'PATCH' 这几个请求方法
  // 数组中最后一个函数必须返回一个字符串, 一个 Buffer 实例,ArrayBuffer,FormData,
或 Stream
  // 你可以修改请求头
  transformRequest: [function(data, headers){
    // 对发送的 data 进行任意转换处理

    return data;
  }],

  // `transformResponse` 在传递给 then/catch 前,允许修改响应数据
  transformResponse: [function(data){
    // 对接收的 data 进行任意转换处理

    return data;
  }],
```

```
// 自定义请求头
headers: {'X-Requested-With': 'XMLHttpRequest'},

// `params` 是与请求一起发送的 URL 参数
// 必须是一个简单对象或 URLSearchParams 对象
params: {
  ID: 12345
},

// `paramsSerializer`是可选方法,主要用于序列化`params`
//(e.g. https://www.npmjs.com/package/qs, http://api.jquery.com/jquery.
param/)
paramsSerializer: function(params){
  return Qs.stringify(params, {arrayFormat: 'brackets'})
},

// `data` 是作为请求体被发送的数据
// 仅适用 'PUT', 'POST', 'DELETE 和 'PATCH' 请求方法
// 在没有设置 `transformRequest` 时,则必须是以下类型之一:
// - string, plain object, ArrayBuffer, ArrayBufferView, URLSearchParams
// - 浏览器专属: FormData, File, Blob
// - Node 专属: Stream, Buffer
data: {
  firstName: 'Fred'
},

// 发送请求体数据的可选语法
// 请求方式 post
// 只有 value 会被发送,key 则不会
data: 'Country=Brasil&City=Belo Horizonte',

// `timeout` 指定请求超时的毫秒数
// 如果请求时间超过 `timeout` 的值,则请求会被中断
timeout: 1000, // 默认值是 `0`(永不超时)

// `withCredentials` 表示跨域请求时是否需要使用凭证
withCredentials: false, // default

// `adapter` 允许自定义处理请求,这使测试更加容易
// 返回一个 promise 并提供一个有效的响应(参见 lib/adapters/README.md)
adapter: function(config){
  /* ... */
```

```
  },

  // `auth` HTTP Basic Auth
  auth: {
    username: 'janedoe',
    password: 's00pers3cret'
  },

  // `responseType` 表示浏览器将要响应的数据类型
  // 选项包括: 'arraybuffer', 'document', 'json', 'text', 'stream'
  // 浏览器专属:'blob'
  responseType: 'json', // 默认值

  // `responseEncoding` 表示用于解码响应的编码(Node.js专属)
  // 注意:忽略 `responseType` 的值为 'stream',或者是客户端请求
  // Note: Ignored for `responseType` of 'stream' or client-side requests
  responseEncoding: 'utf8', // 默认值

  // `xsrfCookieName` 是 xsrf token 的值,被用作 cookie 的名称
  xsrfCookieName: 'XSRF-TOKEN', // 默认值

  // `xsrfHeaderName` 是带有 xsrf token 值的 HTTP 请求头名称
  xsrfHeaderName: 'X-XSRF-TOKEN', // 默认值

  // `onUploadProgress` 允许为上传处理进度事件
  // 浏览器专属
  onUploadProgress: function(progressEvent){
    // 处理原生进度事件
  },

  // `onDownloadProgress` 允许为下载处理进度事件
  // 浏览器专属
  onDownloadProgress: function(progressEvent){
    // 处理原生进度事件
  },

  // `maxContentLength` 定义了 Node.js 中允许的 HTTP 响应内容的最大字节数
  maxContentLength: 2000,

  // `maxBodyLength`(仅 Node)定义允许的 HTTP 请求内容的最大字节数
  maxBodyLength: 2000,
```

```
// `validateStatus` 定义了对于给定的 HTTP 状态码是 resolve 还是 reject promise
// 如果 `validateStatus` 返回 `true`(或者设置为 `null` 或 `undefined`)
// 则 promise 将会 resolved,否则是 rejected
validateStatus: function(status){
  return status >= 200 && status < 300; // 默认值
},


// `maxRedirects` 定义了在 Node.js 中要遵循的最大重定向数
// 如果设置为 0,则不会进行重定向
maxRedirects: 5, // 默认值


// `socketPath` 定义了在 Node.js 中使用的 UNIX 套接字
// e.g. '/var/run/docker.sock' 发送请求到 docker 守护进程
// 只能指定 `socketPath` 或 `proxy`
// 若都指定,这使用 `socketPath`
socketPath: null, // default


// `httpAgent` and `httpsAgent` define a custom agent to be used when performing http
// and https requests, respectively, in node.js. This allows options to be added like
// `keepAlive` that are not enabled by default.
httpAgent: new http.Agent({ keepAlive: true }),
httpsAgent: new https.Agent({ keepAlive: true }),


// `proxy` 定义了代理服务器的主机名,端口和协议
// 您可以使用常规的`http_proxy` 和 `https_proxy` 环境变量
// 使用 `false` 可以禁用代理功能,同时环境变量也会被忽略
// `auth`表示应使用 HTTP Basic auth 连接到代理,并且提供凭据
// 这将设置一个 `Proxy-Authorization` 请求头,它会覆盖 `headers` 中已存在的自定
义 `Proxy-Authorization` 请求头
// 如果代理服务器使用 HTTPS,则必须设置 protocol 为`https`
proxy: {
  protocol: 'https',
  host: '127.0.0.1',
  port: 9000,
  auth: {
    username: 'mikeymike',
    password: 'rapunz3l'
  }
},
```

```
    // see https://axios-http.com/docs/cancellation
    cancelToken: new CancelToken(function(cancel){
    }),

    // `decompress` indicates whether or not the response body should be
decompressed
    // automatically. If set to `true` will also remove the 'content-encoding'
header
    // from the responses objects of all decompressed responses
    // - Node only(XHR cannot turn off decompression)
    decompress: true // 默认值

}
```

5. 响应结构

一个请求获取到的响应对象包含以下信息：

```
{
    // `data` 由服务器提供的响应
    data: {},

    // `status` 来自服务器响应的 HTTP 状态码
    status: 200,

    // `statusText` 来自服务器响应的 HTTP 状态信息
    statusText: 'OK',

    // `headers` 是服务器响应头
    // 所有的 header 名称都是小写,而且可以使用方括号语法访问
    // 例如: `response.headers['content-type']`
    headers: {},

    // `config` 是 `axios` 请求的配置信息
    config: {},

    // `request` 是生成此响应的请求
    // 在 Node.js 中它是最后一个 ClientRequest 实例(in redirects),
    // 在浏览器中则是 XMLHttpRequest 实例
    request: {}
}
```

6. 请求响应及错误处理

以 Axios 的 get 函数为例，以下是请求响应处理和错误处理的语法：

```
axios.get('url')
  .then(function(response){
    // 处理成功情况
    console.log(response);
  })
  .catch(function(error){
    // 处理错误情况
    console.log(error);
  })
  .then(function(){
    // 总是会执行
  });
```

7. 并发请求

Axios 支持发起多个并发请求，写法如下：

```
function getUserAccount(){
  return axios.get('/user/12345');
}

function getUserPermissions(){
  return axios.get('/user/12345/permissions');
}

Promise.all([getUserAccount(), getUserPermissions()])
  .then(function(results){
    const acct = results[0];
    const perm = results[1];
  });
```

其中，results[0] 代表函数 getUserAccount 的响应对象，results[1]代表函数 getUserPermissions 的响应对象。

相关案例

按照本单元所涉及的知识面及知识点，作为下一步工作实施的参考案例，展示项目案例"实时展示智慧医养首页数据"的实施过程。

按照界面设计的实际项目开发过程，以下是项目组件化开发的具体流程。

1. 项目构建

此项目是基于 learning_situation_6 的基础，将静态数据切换为网络通信实时数据，并进行网页交互和数据通信。所以将 learning_situation_6 导入并修改项目名称为 learning_situation_11 即可。

构建成功后，使用 WebStorm 打开项目，项目结构如图 4-2 所示。

首页数据

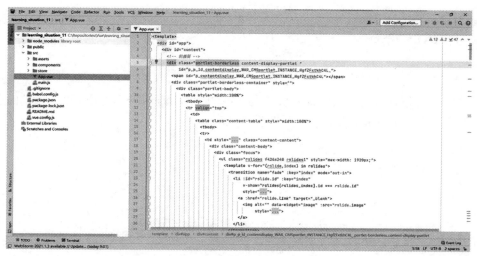

图 4-2　项目结构图

2. 定义动态数据接口

为了将静态数据实时动态化，需要构建后台服务项目，并定义数据接口，如表 4-14 所示是部分初始化数据接口。

表 4-14　动态数据接口

地址	数据	描述
/commons/banners	"data": [{"id": 1, "title": "banner-1", "link": "#", "image": "image/banner/2021banner-1.jpg", "type": 1, "status": 1, "desc_": "智慧医养资源门户 Banner"}]	获取首页 Banner 列表数据
/commons/pps	"data": [{"id": 4, "title": "聚合医养资源", "link": "#", "image": "image/pp/20190806032232045SZHVDORG.png", "type": 2, "status": 1, "desc_": "智慧医养资源门户 品牌展览"}]	获取品牌列表数据
/commons/ppbks	"data": [{"id": 8, "title": "智慧医养服务站", "link": "#", "image": "image/ppbk/20190806033019906IMVZWVSO.png", "type": 3, "status": 1, "desc_": "适用于社区卫生服务中心、乡镇卫生院、三甲医院、党群服务中心、日间照料中心、养老院、康养小镇、文旅公共场所、城市公园等。"}]	获取特色服务列表数据
/commons/tabpages	"data": [{"id": 1, "title": "平台动态", "link": "#", "status": 1, "articles": [{"id": 1, "title": "四川华迪负责人走访调研自贡智慧医养服务站", "link": "/web/wzsz/xmdtall/-/articles/902019.shtml", "tab_id": 1, "content": "四川华迪负责人走访调研自贡智慧医养服务站", "publish_time": "2021-08-19T09:55:41.000+00:00"}]	获取新闻动态列表数据
/commons/friends	"data": [{"id": 11, "title": "partners-1", "link": "http://www.cmc.edu.cn/", "image": "image/partner/partners_01.png", "type": 4, "status": 1, "desc_": "智慧医养资源门户 合作伙伴"}]	获取合作伙伴列表数据

3. 引入 Axios

使用 npm 安装插件：

```
C:\Repositories\Vue\learning_situation_11>npm install axios
```

在项目中引入 Axios 需要先在 main.js 中定义：

```
import Vue from 'vue'
import axios from 'axios'

Vue.prototype.$axios = axios
```

因后台服务器地址为：localhost:80，与 Vue 项目地址不匹配，所以存在跨域问题，可以在项目下创建文件 vue.config.js，并设置跨域配置：

```
module.exports = {
    devServer: {
        proxy: {
            '/commons': {
                target: 'http://localhost:80/commons',
                changeOrigin: true,
                pathRewrite: {
                    '^/commons': ''
                }
            },
        }
    }
}
```

需要对通用前缀设置 baseURL，可以在 main.js 中添加配置：

```
axios.defaults.baseURL = '/commons'
```

4. 清空静态源数据

页面中的原始静态数据需要实时变更，故在页面构建之初的数据应置空，以下是需要调整的数据对象：

```
rslides: [],
pps: [],
ppbks: [],
tabpages: [],
friends: [],
```

5. 预加载初始化数据

在<script>中添加函数 mounted，添加预处理期间的网络交互操作，获取网络数据，包括：Banner 列表数据、品牌列表数据、特色服务列表数据、新闻动态列表数据、合作伙伴列表数据。

在 data 中设置 URL 地址常量：

```
urls: {
  banners: '/banners',
  pps: '/pps',
  ppbks: '/ppbks',
  tabpages: '/tabpages',
```

```
    friends: '/friends'
  },
```

以获取 Banner 列表数据并处理轮播逻辑为例展示：

```
this.$axios
    .get(this.urls.banners)
    .then(response => {
      this.rslides = response.data.data != null && response.data.data.
length > 0 ? response.data.data : []
      if(this.rslides.length > 0){
        this.rslides = this.rslides.map(item => {
          item.image = this.server + item.image
          return item
        });
        setInterval(()=> {
          this.rslides_index =(this.rslides_index + 1)% this.rslides.length
        }, 2000);
      }
    })
    .catch(err => {
      alert('Banners 数据请求失败')
      console.error(err)
    })
```

6. 启动项目

在 WebStorm 的 Terminal 中输入以下指令启动项目：

```
C:\Repositories\Vue\learning_situation_11>npm run serve

  App running at:
  - Local:   http://localhost:8080/
  - Network: http://192.168.13.31:8080/
```

通过浏览器访问 http://localhost:8080/，效果如图 4-3 所示。

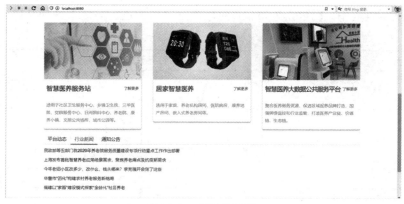

图 4-3 项目效果图

工作实施

按照制订的最佳方案实施计划进行项目开发，填充相应的工作流程内容。

评价反馈

各自完成学习情境的开发并展示作品，介绍任务的完成过程，作品展示前应准备阐述材料，并完成评价。

1. 学生进行自我评价（见表 4-15）。

表 4-15　学生自评表

班级：	姓名：	学号：		
学习情境	使用 Axios 实时展示智慧医养首页数据			
评价项目	评价标准		分值	得分
方案制订	能根据技术能力快速、准确地制订工作方案		10	
环境准备	能正确、熟练地使用 npm 管理依赖环境		10	
项目构建	能正确导入并修改已有 Vue 项目		10	
组件化开发	能根据方案正确、熟练地进行网络交互式开发		35	
项目开发能力	根据项目开发进度及应用状态评定开发能力		20	
工作质量	根据项目开发过程及成果评定工作质量		15	
合计			100	

2. 学生展示过程中，以个人为单位，对以上学习情境过程与结果进行互评（见表 4-16）。

表 4-16　学生互评表

学习情境		使用 Axios 实时展示智慧医养首页数据									
评价项目	分值	等级							评价对象			
									1	2	3	4
计划合理	10	优	10	良	9	中	8	差	6				
方案准确	10	优	10	良	9	中	8	差	6				
工作质量	20	优	20	良	18	中	15	差	12				
工作效率	15	优	15	良	13	中	11	差	9				
工作完整	10	优	10	良	9	中	8	差	6				

（续表）

评价项目	分值	等级								评价对象			
										1	2	3	4
工作规范	10	优	10	良	9	中	8	差	6				
识读报告	10	优	10	良	9	中	8	差	6				
成果展示	15	优	15	良	13	中	11	差	9				
合计	100												

3. 教师对学生工作过程和工作结果进行评价（见表 4-17）。

表 4-17　教师综合评价表

班级：　　　　　　　姓名：　　　　　　　学号：

学习情境		使用 Axios 实时展示智慧医养首页数据		
评价项目		评价标准	分值	得分
考勤（20%）		无无故迟到、早退、旷课现象	20	
工作过程（50%）	方案制订	能根据技术能力快速、准确地制订工作方案	5	
	环境准备	能正确、熟练地使用 npm 管理依赖环境	10	
	项目构建	能正确导入并修改已有 Vue 项目	5	
	组件化开发	能根据方案正确、熟练地进行网络交互式开发	20	
	工作态度	态度端正，工作认真、主动	5	
	职业素质	能做到安全、文明、合法，爱护环境	5	
项目成果（30%）	工作完整	能按时完成任务	5	
	工作质量	能按计划完成工作任务	15	
	识读报告	能正确识读并准备成果展示各项报告材料	5	
	成果展示	能准确表达、汇报工作成果	5	
合计			100	

拓展思考

1. Axios 的请求方式有几种？

2. Axios 不同 REST API 的参数是否相同？若不同，有何不同？

3. Axios 如何定义请求配置？

单元 5　Vue 项目打包部署

软件部署环节是指将软件项目本身，包括配置文件、用户手册、帮助
文档等进行收集、打包、安装、配置、发布的过程。在信息产业高速发展
的时代，软件部署工作越来越重要。

概述

传统的软件工程不包括软件部署，但不断增长的软件复杂度和部署所
面临的风险，迫使人们开始关注软件部署。软件部署是一个复杂过程，包
括从开发商发放产品，到应用者在他们的计算机上实际安装并维护应用的所有活动。这些
活动包括开发商的软件打包，企业及用户对软件的安装、配置、测试、集成和更新等。

<table>
<tr><td rowspan="8">教学导航</td><td>知识重点</td><td>1. Vue项目打包指令。
2. 配置Nginx服务器。</td></tr>
<tr><td>知识难点</td><td>Nginx服务器环境配置。</td></tr>
<tr><td>推荐教学方式</td><td>从学习情境入手，介绍及讲述Vue项目打包流程，配置
Nginx服务器，并部署Vue项目的执行过程。</td></tr>
<tr><td>建议学时</td><td>2学时。</td></tr>
<tr><td>推荐学习方法</td><td>结合实际案例应用，通过学习Vue 项目打包、Nginx服务
器配置和Vue项目部署流程来掌握Vue前端项目的打包
部署流程。</td></tr>
<tr><td>必须掌握的理论知识</td><td>Vue项目打包部署思想。</td></tr>
<tr><td>必须掌握的技能</td><td>1. Vue 项目打包。
2. Nginx 服务器配置。
3. Vue项目部署流程。</td></tr>
</table>

学习情境　Vue 项目打包与部署

学习情境描述

1. 教学情境描述：通过介绍及讲述 Vue 项目打包流程，配置 Nginx 服务器，并部署
Vue 项目的执行过程，结合实际案例应用，学习并掌握 Vue 前端项目的打包部署流程。

2. 关键知识点：Vue 项目打包指令、Nginx 服务器配置。

3. 关键技能点：Vue 项目打包、Nginx 服务器配置、Vue 项目部署流程。

学习目标

1. 理解 Vue 项目打包部署思想及流程。

2. 掌握 Vue 项目打包指令。

3. 掌握 Nginx 服务器环境配置。

4. 掌握 Vue 项目在 Nginx 上的部署流程。

5. 能根据实际 Vue 项目设定，在指定服务器上部署项目并访问。

任 务 书

1. 完成通过 npm 打包 Vue 项目。

2. 完成通过 Nginx 搭建服务器环境。

3. 完成通过 Nginx 部署 Vue 项目。

获取信息

引导问题 1：Vue 项目打包部署流程是怎样的？

_____

_____

引导问题 2：Vue 项目可以部署在哪些服务器上？为什么要使用 Nginx 服务器部署？

_____

_____

_____

引导问题 3：Vue 项目如何打包部署？

_____

_____

工作计划

1. 制订工作方案（见表 5-1）。

根据获取的信息进行方案预演，选定目标，明确执行过程。

表 5-1　工作方案

步骤	工作内容
1	
2	
3	
4	

2. 写出此工作方案执行的打包部署原理。

_____

_____

_____

3. 列出工具清单（见表 5-2）。

列举出本次实施方案中所需要用到的软件工具。

表 5-2　工具清单

序号	名称	版本	备注

4. 列出技术清单（见表 5-3）。

列举出本次实施方案中所需要用到的软件技术。

表 5-3　技术清单

序号	名称	版本	备注

进行决策

1. 根据引导、构思、计划等，各自阐述自己的设计方案。
2. 对其他人的设计方案提出自己不同的看法。
3. 教师结合大家完成的情况进行点评，选出最佳方案，并写出最佳方案。

_____

_____

_____

知识准备

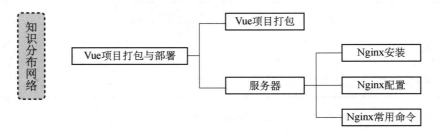

5.1.1　Vue 项目打包

想要部署 Vue 项目，首先需要对 Vue 前端项目进行打包，再将其放置于服务器管理文件夹下，并配置访问路径及其他配置项。

使用以下指令打包 Vue 项目：

```
# npm run build
```

执行此命令会在项目文件夹下生成打包后的内容文件夹：/dist。

Vue 打包、
Nginx 服务器

5.1.2　服务器

Nginx 是一款高性能的 HTTP 服务器、反向代理服务器及电子邮件（IMAP/POP3）代理服务器，由俄罗斯的程序设计师 Igor Sysoev 所开发，官方测试 Nginx 能够支撑 5 万并发链接，并且 CPU、内存等资源消耗非常低，运行非常稳定。

1. Nginx 安装

Nginx 的安装需要准备部分环境。
安装 gcc-c++：

```
# yum install gcc gcc-c++
```

安装 pcre：

```
# yum install -y pcre pcre-devel
```

安装 zlib：

```
# yum install -y zlib zlib-devel
```

若不存在 SSL，则还需要安装 OpenSSL：

```
# yum install -y openssl openssl-devel
```

访问 Nginx 官网或使用 wget 工具下载并解压 Nginx。
官网下载地址：https://nginx.org/en/download.html，选择 Stable Version，如图 5-1 所示。

图 5-1　官网下载地址

以下使用 wget 下载并解压：

```
# cd /usr/local
```

```
# wget http://nginx.org/download/nginx-1.20.1.tar.gz
# tar -zxvf nginx-1.20.1.tar.gz
```

接下来就可以安装 Nginx，命令如下：

```
# cd nginx-1.20.1
# ./configure --prefix=/usr/local/nginx & make & make install
```

安装完成之后，/usr/local/nginx 的目录结构如图 5-2 所示。

图 5-2　/usr/local/nginx 的目录结构

等待安装结束，使用以下命令进行验证：

```
# cd ../nginx
# sbin/nginx -vls
```

2. Nginx 配置

Nginx 的所有配置文件均存在于/usr/local/nginx/conf 下，如图 5-2 所示。其中，nginx.conf.default 是默认的 Nginx 服务器配置文件；nginx.conf 是全局服务器配置文件，nginx.conf 的优先级要高于 nginx.conf.default。以下对 nginx.conf 的部分配置进行讲解。

先看一下 nginx.conf 的原始内容：

```
worker_processes  1;

events {
    worker_connections  1024;
}

http {
```

```
    include        mime.types;
    default_type   application/octet-stream;

    sendfile        on;

    keepalive_timeout  65;

    server {
        listen          80;
        server_name  localhost;

        location / {
            root    html;
            index  index.html index.htm;
        }

        error_page   500 502 503 504   /50x.html;
        location = /50x.html {
            root    html;
        }
    }
}
```

其中配置解读如下：

- worker_processes：启动进程数量。
- worker_connections：单个后台 worker process 进程的最大并发链接数。
- include：设定 mime 类型。
- default_type：默认 mime 类型。
- sendfile：指定 Nginx 是否调用 sendfile 函数来输出文件。
- keepalive_timeout：连接超时时间。
- server：虚拟主机配置。
- listen：侦听端口号。
- server_name：定义本地 IP 映射名称。
- location：网页地址映射配置。
- root：定义服务器的默认网站根目录位置。
- index：定义首页索引文件的名称。
- error_page：定义错误提示页面。

3. Nginx 常用命令

Nginx 常用命令有启动、重载、退出。

启动 Nginx：

```
# sbin/nginx
```

可以通过 ps 查看 Nginx 进程：

```
# ps aux | grep nginx
root       38022  0.0  0.0  20572   620 ?        Ss   12:34   0:00 nginx: master
process sbin/nginx
nobody     38023  0.0  0.0  21016  1312 ?         S   12:34   0:00 nginx: worker
process
root       38025  0.0  0.0 112812   976 pts/3    S+   12:34   0:00 grep
--color=auto nginx
```

启动 Nginx 之后，可以通过 Web 浏览器访问 Nginx 服务器，如图 5-3 所示。

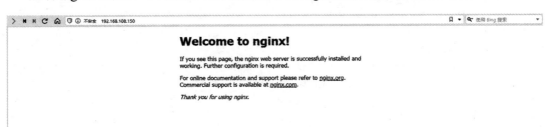

图 5-3　Nginx 启动页

在修改了 Nginx 配置文件之后，可以直接重载 Nginx：

```
# sbin/nginx -s reload
```

退出 Nginx 有多种方式，分别是：

● 使用 nginx 指令：

```
# sbin/nginx -s stop
```

● 使用 kill 指令：

```
# kill -QUIT nginx-master-id(可以通过 ps 查找)
# kill -TERM nginx-master-id(可以通过 ps 查找)
# kill -9 nginx-master-id(可以通过 ps 查找)
```

相关案例

　　按照本单元所涉及的知识面及知识点，作为下一步工作实施的参考案例，展示项目案例 "Vue 项目打包与部署" 的实施过程。

　　按照界面设计的实际项目开发过程，以下是项目组件化开发的具体流程。

　　1. 项目构建

　　此项目是基于 learning_situation_6 的基础，将项目导入并修改项目名称为 learning_situation_12，并在此基础上进行打包部署。

　　构建成功后，使用 WebStorm 打开项目，项目结构如图 5-4 所示。

图 5-4　项目结构图

2. Vue 项目打包

打开 WebStorm 命令行工具，并在其中输入打包指令：

```
C:\Repositories\Vue\learning_situation_12>npm run build
```

指令执行结束，会在当前项目文件夹下生成打包文件夹：/dist，效果如图 5-5 所示。

图 5-5　Vue 项目打包示意图

3. 准备 Nginx 环境及配置

当前项目部署在 Nginx 服务器上，需要提前准备好 Nginx 服务器的环境配置。
本次 Nginx 服务器的演示在 IP 为 192.168.108.150 的虚拟机上，以下是构建过程。
构建 Nginx 准备环境：

```
# yum install -y gcc gcc-c++
```

```
# yum install -y pcre pcre-devel
# yum install -y zlib zlib-devel
```

安装 Nginx：

```
# cd /usr/local
# wget http://nginx.org/download/nginx-1.20.1.tar.gz
# tar -zxvf nginx-1.20.1.tar.gz
# cd nginx-1.20.1
# ./configure --prefix=/usr/local/nginx & make & make install
```

调整 Nginx 配置，修改 nginx/conf/nginx.conf 的部分内容：

```
location / {
    root    html/learning_situation_12;
    index   index.html index.htm;
}
```

4. 部署 Vue 项目

将 Vue 项目打包文件 dist 上传到 Nginx 服务器的文件夹/usr/local/nginx/html 下，并更名为 learning_situation_12。

5. 启动 Nginx

启动 Nginx：

```
# cd /usr/local/nginx
# sbin/nginx
```

通过浏览器访问 http://192.168.108.150:80/，效果如图 5-6 所示。

 聚合医养资源　　 塑造医养品牌　　 促进产业发展　　 服务老人健康

图 5-6　项目效果图

工作实施

按照制订的最佳方案实施计划进行项目开发，填充相应的工作流程内容。

评价反馈

各自完成学习情境的开发并展示作品，介绍任务的完成过程，作品展示前应准备阐述材料，并完成评价。

1. 学生进行自我评价（见表 5-4）。

表 5-4　学生自评表

班级：	姓名：	学号：		
学习情境	Vue 项目打包与部署			
评价项目	评价标准		分值	得分
方案制订	能根据技术能力快速、准确地制订工作方案		10	
项目构建	能正确导入并修改已有 Vue 项目		10	
项目打包	能正确使用 npm 指令打包 Vue 项目		10	
项目发布	能根据方案正确、熟练地进行 Vue 项目发布		35	
项目开发能力	根据项目开发进度及应用状态评定开发能力		20	
工作质量	根据项目开发过程及成果评定工作质量		15	
合计			100	

2. 学生展示过程中，以个人为单位，对以上学习情境过程与结果进行互评（见表 5-5）。

表 5-5　学生互评表

学习情境		Vue 项目打包与部署									
评价项目	分值	等级							评价对象			
									1	2	3	4
计划合理	10	优	10	良	9	中	8	差	6				
方案准确	10	优	10	良	9	中	8	差	6				
工作质量	20	优	20	良	18	中	15	差	12				
工作效率	15	优	15	良	13	中	11	差	9				
工作完整	10	优	10	良	9	中	8	差	6				

（续表）

评价项目	分值	等级								评价对象			
										1	2	3	4
工作规范	10	优	10	良	9	中	8	差	6				
识读报告	10	优	10	良	9	中	8	差	6				
成果展示	15	优	15	良	13	中	11	差	9				
合计	100												

3. 教师对学生工作过程和工作结果进行评价（见表 5-6）。

表 5-6　教师综合评价表

班级：　　　　　　　　　　姓名：　　　　　　　　　学号：

学习情境		Vue 项目打包与部署		
评价项目		评价标准	分值	得分
考勤（20%）		无无故迟到、早退、旷课现象	20	
工作过程（50%）	方案制订	能根据技术能力快速、准确地制订工作方案	5	
	项目构建	能正确导入并修改已有 Vue 项目	5	
	项目打包	能正确使用 npm 指令打包 Vue 项目	10	
	项目发布	能根据方案正确、熟练地进行 Vue 项目发布	20	
	工作态度	态度端正，工作认真、主动	5	
	职业素质	能做到安全、文明、合法，爱护环境	5	
项目成果（30%）	工作完整	能按时完成任务	5	
	工作质量	能按计划完成工作任务	15	
	识读报告	能正确识读并准备成果展示各项报告材料	5	
	成果展示	能准确表达、汇报工作成果	5	
合计			100	

拓展思考

1. 还可以使用哪些软件部署 Vue 项目？

2. Nginx 配置都有什么含义？

3. Nginx 如何处理 403、404、405 网络异常？

练习题

练习题答案